学科解码　大学专业选择指南

总　主　编　　丁奎岭
执行总主编　　张兆国　吴静怡

海洋工程类专业
第一课

上海交通大学船舶与海洋工程系　编著

上海交通大学出版社
SHANGHAI JIAO TONG UNIVERSITY PRESS

内容提要

本书为"学科解码·大学专业选择指南"丛书中的一册，旨在面向我国高中学生及其家长介绍海洋工程学科及专业的基本情况，为高中生未来进一步接受高等教育提供专业选择方面的指导。本书内容包括与时俱进的海洋工程、专业面面观、职业生涯发展三部分，从学科发展历程、现状及未来挑战、专业的特点与组成、人才培养的理念与路径、专业选择以及职业发展、就业前景等方面加以阐述。通过阅读本书，读者可对当今海洋工程学科与专业的定位、学生专业素质的养成、毕业后实现自身价值的路径等有一定的了解。本书可为高中生寻找自己的兴趣领域、做好未来职业规划提供较全面的信息，也可为海洋工程相关学科专业本科生及其他希望了解海洋工程学科与专业的读者提供参考。

图书在版编目（CIP）数据

海洋工程类专业第一课/上海交通大学船舶与海洋
工程系编著. —上海：上海交通大学出版社，2024.5
ISBN 978-7-313-30538-1

Ⅰ. ①海…　Ⅱ. ①上…　Ⅲ. ①海洋工程-介绍　Ⅳ.
①P75

中国国家版本馆 CIP 数据核字（2024）第 067529 号

海洋工程类专业第一课
HAIYANG GONGCHENG LEI ZHUANYE DI-YI KE

编　　著：上海交通大学船舶与海洋工程系	
出版发行：上海交通大学出版社	地　　址：上海市番禺路 951 号
邮政编码：200030	电　　话：021-64071208
印　　制：上海文浩包装科技有限公司	经　　销：全国新华书店
开　　本：880mm×1230mm　1/32	印　　张：4.125
字　　数：85 千字	
版　　次：2024 年 5 月第 1 版	印　　次：2024 年 5 月第 1 次印刷
书　　号：ISBN 978-7-313-30538-1	
定　　价：29.00 元	

序

　　党的二十大做出了关于加快建设世界重要人才中心和创新高地的重要战略部署，强调"坚持教育优先发展、科技自立自强、人才引领驱动"，对教育、科技、人才工作一体部署，统筹推进，为大学发挥好基础研究人才培养主力军和重大技术突破的生力军作用提供了根本遵循依据。

　　高水平研究型大学是国家战略科技力量的重要组成部分，是科技第一生产力、人才第一资源、创新第一动力的重要结合点，在推动科教兴国、人才强国和创新驱动发展战略中发挥着不可替代的作用。上海交通大学作为我国历史最悠久、享誉海内外的高等学府之一，始终坚持为党育人、为国育才责任使命，落实立德树人根本任务，大力营造"学在交大、育人神圣"的浓厚氛围，把育人为本作为战略选择，整合多学科知识体系，优化创新人才培养方案，强化因材施教、分类发展，致力于让每一位学生都能够得到最适合的教育、实现最大程度的增值。

　　学科专业是高等教育体系的基本构成，是高校人才培养的基础平台，引导青少年尽早了解和接触学科专业，挖掘培养自身兴趣特长，树立崇尚科学的导向，有助于打通从基础教育到高等教育的人才成长路径，全面提高人才培养质量。而在现实中，由于中小学教育教学体系的特点，不少教师和家长对高校的学科专业，特别是对于量大面广、具有跨学科交叉特点的工科往往不够了解。本套丛书由上海交通大学出版社出版，由多位长期工作在高校科研、教学和学生工作一线的优秀教师共同编纂撰写，他们对学科领域及职业发展有着丰富的知识积累和深刻的理解，希望以此搭建起基础教育到专业教育的桥梁，让中学生可以较早了解学科和专业，拓展视野、培养兴趣，为成长为创新人才奠定基础；以黄旭华、范本尧等优秀师长为榜样，立志报国、勇担重担，到祖国最需要的地方建功立业。

"未来属于青年，希望寄予青年。"每一个学科、每一个专业都蕴含着无穷的智慧与力量。希望本丛书的出版，能够为读者提供更加全面深入的学科与专业知识借鉴，帮助青年学子们更好地规划自己的未来，抓住时代变革的机遇，成为眼中有光、胸中有志、心中有爱、腹中有才的卓越人才！

上海交通大学党委书记

2024 年 5 月

前　言

　　自古以来，人类从未停止过对海洋的探索，蔚蓝的海洋以其宽广的胸怀满足着人们的好奇心。海洋对于国家具有重大的战略意义，她不仅是丰富的资源宝库、国家防护的天然屏障、科学研究的主要阵地，也是国际交流的重要枢纽。

　　党的十八大以来，建设海洋强国一直是我国的重要国策。经略海洋，装备先行，船舶与海洋工程装备在国家海洋强国建设中发挥了至关重要的作用，在探索海洋科技奥秘、促进海洋经济增长、维护海洋权益等方面，都充分展现了其极高的战略价值。船舶与海洋工程行业的高质量发展需要一代又一代有志青年投身海洋强国事业。

　　本书凝结了上海交通大学船舶与海洋工程系深厚的学科底蕴和人才培养创新成果。船舶与海洋学科自创办以来，始终与国家和民族的发展同向同行。无论是学科设置、人才培养还是科学研究等都紧紧围绕国家和民族需求。近年来，上海交通大学船舶与海洋工程系主动对接时代需求，在学科交叉融合、人才培养模式创新、教育教学改革等发展中领航前行，获得了国家级教学成果奖、国家教材建设奖、国家一流课程等一系列突出成绩，尤其是人才培养模式，被《新闻联播》《光明日报》

《文汇报》等多家主流媒体纷纷报道。本书以上海交通大学为典型代表，介绍了国内海洋工程类本科专业培养体系，以期作为青年学子及其家长的指南性科普读物。

本书共包含 3 个章节。第 1 章从船舶与海洋工程装备发展的视角引出我国海洋工程教育体系的历史脉络，并介绍具有突出代表性的装备及未来面临的机遇和挑战。第 2 章详细阐述了我国普通高校海洋工程类本科专业结构，通过丰富的专业先导项目和培养图谱等，全面展示了以船舶与海洋工程专业为主的海洋工程类本科专业教育的新工科特色内涵。第 3 章立足行业就业前景，以翔实的数据、蓬勃的行业生态及生动的毕业生成长案例多视角描绘了"兴船报国，大有可为"的广阔前景。

为了让读者更全面地了解船舶与海洋工程领域，本书在图文基础上增加了丰富的视频资源，力求以深入浅出、通俗易懂的方式向读者科普学科知识，为面临专业选择的学生及家长、有志于投身该事业的大专院校学生和行业技术人才点亮前行的"灯塔"，指引航行的方向。本书第 1 章节由徐雪松老师整理编写，第 2、第 3 章由于淼老师整理编写，全书由系主任薛鸿祥教授审核，副系主任余龙副教授参与审核。感谢上海交通大学出版社对本书出版的鼎力支持。感谢部分校友对海洋工程类专业科普教育的关注与支持，为本书提供了丰富的电子资源，让船舶与海洋工程的故事更加生动立体、饱满丰富。

我国海洋工程类高等教育发展历程波澜壮阔，成就辉煌，但囿于资料获取的局限和笔者学识的不足，书中若有缺漏、不正之处，恳请各位读者批评指正。

薛鸿祥

上海交通大学船舶与海洋工程系主任

2024 年 3 月

目　录

第 1 章

与时俱进的海洋工程

1.1 海洋工程的发展

辽阔的海洋是人类的资源宝库，开发和利用海洋一直是人类梦寐以求的目标，要实现这个目标，船舶与海洋工程装备必不可少。人类对海洋开发和利用不断增长的需求促进了船舶与海洋装备的发展，也推动了海洋工程类专业的发展。

1.1.1 古往今来的船舶与海洋工程装备

人类对海洋的认识和开发走过了一段漫长的历程，从近海到远海、从浅海到深海、从大洋到极地……船舶与海洋工程装备也随着人们探索的步伐悄然变化，从远古的独木舟、中世纪的大型帆船、近代的蒸汽机船到现代的大型舰船和海上平台，船舶与海洋工程装备为人类对海洋的开发和探索提供了技术支撑。

1. 原始的舟、筏

最开始，人类对海洋的利用是"鱼盐之利"

和"舟楫之便"，早期沿海地区的人们从海中捕鱼、晒盐、采集海菜。由于渔猎的需要，人类已经制造了众多的原始渡水工具，如独木舟、筏等，但受到生产力水平及科学技术的限制，早期的舟、筏只能支撑人类从事近海活动。

2. 中世纪的帆船

具有 5 000 多年历史的帆船是继舟、筏之后又一种水上交通工具，它主要靠帆具借助风力航行。15 世纪初期，郑和率领庞大船队 7 次出海，到达亚洲和非洲的三十多个国家，所使用的都是风力驱动的帆船。西班牙和葡萄牙在 15—16 世纪期间使用威风凛凛的"卡拉克"（Carrak）型帆舰船进行远洋探险，这种舰船拥有充足的船舱以容纳物资及水手，其多层甲板可以安放重型火炮，便于发射并排的侧舷火炮，增加船只威力。但"卡拉克"型帆舰船在逆风时不易操纵，在 1588 年的海战中败给了英国以"盖伦"（Galleon）型帆舰船为主力的舰队。"盖伦"型帆舰船船型相对狭长，航速较快，在逆风中操纵性极佳，是英国海军当时的主力舰船船型。

郑和宝船模型

"卡拉克"型帆舰船

"盖伦"型帆舰船

世界上第一艘蒸汽机船"克莱蒙特"号

3. 蒸汽机船和柴油机船

18 世纪中叶，英国人瓦特通过改进蒸汽机技术实现了从手工劳动向动力机器生产转变的重大飞跃。1807 年，美国人富尔顿建成世界上第一艘蒸汽机船"克莱蒙特"（Clement）号，采用明轮推进。从此，海洋船舶逐渐进入蒸汽动力时代。英国"挑战者"号科学考察船是典型的蒸汽动力帆船，船长68 米，排水量 2 306 吨，在 1872—1876 年间，依靠风帆和蒸汽机为动力推进的"挑战者"号完成了除北冰洋以外的各大洋的综合科学考察。在蒸汽动力应用于造船业后，作为传统运输工具的帆船渐渐淡出了人们的视线，全新动力的大型"铁甲船"开始成为海上的霸主，人类对海洋的探索逐渐由浅海转向深海大洋。

1892 年，德国人狄塞尔发明了压燃式发动机，即柴油机。柴油机热效率高、油耗低，20 世纪初开始应用于船上，迅速取代了蒸汽机，从此开始进入柴油机船时代，各类新型的商船和舰船相继出现，世界船舶工业按下了迅猛发展的"加速键"。

4. 三大主力船型

● 散货船

从 20 世纪 50 年代起，以柴油机为动力的船舶推进装置大规模地取代了蒸汽机，并开始采用核能作为推进动力。散货船、油轮、集装箱船成了三大主流船型，并开始不断向专业化和大型化发展。散货船是专门用来运输大宗干散货物的船舶，这些货物多为煤炭、矿石、木材、牲畜、谷物等。1954 年，散货船平均单船载重吨位仅为 1.9 万吨，1973 年已达到 5.4 万吨，之后逐步发展形成了 6 万～8 万吨巴拿马型和 12 万～20 万吨好望角型散货船。

● 油船

油船是指运载石油及石油产品的船舶。为取得更高的经济效益，原油运输船在航道条件许可下必须尽可能地向大型化发展。1967—1975 年苏伊士运河关闭时期，波斯湾到欧美的原油运输须绕道好望角，从而推动了原油船的大型化发展进程。1980 年，在世界油船船队中，超大型油船（载重 20 万吨以上）和特大型油船（载重 30 万吨以上）已超过半数。20 世纪 70 年代末，出现了载重 50 万吨以上的大油船，如法国在 1976—1977 年建成的 55 万吨级姊妹船"巴提留斯"（Batillus）号和"贝拉美亚"（Bellamya）号。1981 年，载重量为 56 万吨的"海上巨人"（Seawise Giant）号香港油船成为世界上吨位最大的船舶。后来，由于苏伊士运河的重开和各国采取节能措施，巨型油船大量过剩，原油船过度大型化的过程才逐渐结束。

● 集装箱船

集装箱船指可用于装载国际标准集装箱的船舶。第一艘集装箱船是美国于1957年用一艘货船改装而成的,它的装卸效率比常规杂货船高出10倍,停港时间大为缩短,并减少了运货装卸中的货损量。从此,集装箱船得到迅速发展,经历了从第一代到第六代的不断更新换代历程,可装载量从第一代的700~1000标准箱发展到第六代的10000标准箱。21世纪后,集装箱船吨位还在增大,如2020年江南造船(集团)有限责任公司为法国达飞海运集团建造的超大型双燃料集装箱船载箱量达到了23000标准箱。

5. 海洋油气钻采平台

随着科学技术的进步,船舶与海洋工程装备的种类越来越丰富,除了传统的船舶类装备外,海洋油气开采装备也逐渐出现。最早的海洋油气钻采实践可追溯到1887年美国加利福尼亚州西海岸架木质栈桥打井,随后又用围海筑堤填海、建人工岛、从岸边向海上架设栈桥等办法开发海底油田。由于当时技术条件不足和海洋油气开采成本高,海洋工程装备发展较为缓慢。二战后,各个国家石油需求量激增,促进了海洋工程装备建造技术和海洋施工技术的快速发展,各类海洋油气钻采平台如雨后春笋般出现。20世纪40年代末,墨西哥湾出现了用于浅水油气钻采的导管架平台。1954年,第一座自升式钻井平台"迪龙一号"问世,配有12个圆柱形桩腿。1962年,壳牌石油公司用世界上第一艘半潜式钻井船"碧水一号"钻井成功。1976年,壳牌石油公司用一艘5.9万吨的旧油轮改装而成世界第一艘浮式生产储卸油装置（floating production storage and offloading，FPSO），该装置前往地中海卡斯特利翁油田进行作业。1984 年，世界第一座张力腿平台 Hutton TLP 服役。1987 年，Horton 设计了一种专用于深海钻探和采油工作的新型单柱式 Spar 平台。通过吸纳先进技术更新换代，新型海洋工程装备在发展中不断壮大。

如今，人类将目光投向深远海，开发矿产、渔业、能源等海上新资源。针对深远海开发需要，不断涌现出如海底采矿装备、海洋牧场平台装备、海上风力发电装备、海洋能（潮汐能、波浪能等）发电装备等新的海洋工程装备。进入 21 世纪，随着信息技术和智能技术的不断进步，船舶与海洋工程装备和技术研究也开始进入智能化海洋装备时代。物联网、云计算、大数据、人工智能等技术的发展，使船舶与海洋工程装备的智能化发展迈上新的台阶。

1.1.2 与国同行的海洋工程教育

19 世纪中叶，帝国主义列强用武力打开了长期闭关锁国的清朝大门，一次次战争的失利，使得清朝统治阶级的一部分人认识到，没有近代的科学技术就不能自强。于是，洋务派由此诞生，采取了实业救国、兴办学堂、派遣留学等举措。其中，洋务派代表左宗棠于 1866 年奏请创办福建船政学堂，沈葆桢就任船政大臣后，认真执行了左宗棠的主张，积极筹划开办事宜，福建船政学堂于 1967 年 1 月正式开学。福建船政学堂是我国历史上第一所培养近代工程技术人才的新式学校，为我国培养了第一批船舶类技术人才。辛亥革命后，福建船政学堂的两支分别改称福州海军制造学校、福州海军学校，后合并入海军学校，于 1949 年迁至台湾。

福建船政学堂

继福建船政学堂之后，晚清洋务派希望发展航运业，虽然 1872 年开办的轮船招商局已经运营多年，但仍缺乏船舶类技术人才，于是于 1905 年将交通大学的前身南洋公学改名为高等实业学堂，并奏请商部在学校内设轮、电专科，培养相关技术人才。1909 年，高等实业学堂改名为商船学校。1912 年，船政科迁出徐汇，在吴淞独立建校，成立吴淞商船学校。1921 年，交通部将当时的上海工业专门学校、北京铁路管理学校、北京邮电学校、唐山工业专门学校四所学校合并组成交通大学，并在交通大学上海学校内设置造船科。

南洋公学

    1937 年抗日战争全面爆发，国家危亡迫在眉睫，沦陷区高等学校纷纷内迁。1939 年，吴淞商船学校内迁到重庆复课，改名为重庆商船专科学校。交通大学于 1940 年在重庆小龙坎设立分校。1942 年日军侵占上海租界后，交通大学总部从上海转移到重庆九龙坡。1943 年，交通大学在战乱中接办了内迁重庆的商船学校，叶在馥、王公衡、辛一心、杨仁杰、杨俊生、王荣瑸、张文治、方文均、杨櫆等学成归国的老一辈造船专家，秉持兴办造船工程教育以图自强的朴素愿望，创建了我国高等教育史上的第一个造船工程系。交通大学造船工程系的诞生在中国造船工程教育史上具有重大的意义。它不仅是我国高等院校建立的第一个培养大学本科生的造船工程系，而且结束了我国造船工程高等教育断断续续、风雨飘摇的历史，开始稳定地规模化培养造船工业的高级人才，为我国此后的造船工业和科学技术的发展做出了卓越贡献。抗日战争结束后，交通大学上海校区复员，1947 年，参照美国麻省理工学院，于造船系内成立轮机门，进一步丰富了专业方向。

重庆九龙坡交通大学旧址

老一辈造船专家们

　　中华人民共和国成立后，国家进入了和平发展时期，全国各高校进入新发展时期。1952 年暑假，全国高等院校进行了大规模的院校调整。同济大学、武汉交通学院和上海市立工业专科学校的造船系科被合并到交通大学，交通大学造船系得到扩展和加强。

同年，因应国防建设的需要，中央决定在哈尔滨筹建军事工程学院，其中，海军工程系内设舰船制造科。交通大学造船系部分教师被调往该校参与筹建和教学工作。哈尔滨军事工程学院内迁后，其海军工程系划归第六机械工业部，拟迁武汉，发展为现在的中国人民解放军海军工程大学，原址的部分组建哈尔滨船舶工程学院，1994年更名为哈尔滨工程大学，这两所大学均设有船舶与海洋工程专业。

在全国院系调整后，国内高校开始向苏联学习，全面开展高校教学体制改革。改革的标志之一是高度集中的统一管理，另一个标志是大大加强了"专才教育"，学科门类细分，培养专门人才。

1955年，国务院决定将交通大学迁往西安，由交通大学造船系和大连工学院造船系于交通大学原址合并成立上海造船学院。合并后的上海造船学院的船舶制造系共设三个专业，即船舶制造专业、船舶蒸汽发动机及装置专业和船舶内燃发动机及装置专业。之后考虑到上海工业建设的需要，国务院将交通大学分设上海和西安两地。

上海造船学院、南洋工学院和交通大学上海部分合并后，船舶制造系重新回到了上海交通大学，此时，上海交通大学船舶制造系的规模得到了进一步扩大，汇聚了全国船舶制造专业重要的教学力量。

1953年初，我国第一座重力式船模试验池建成。1958年，我国第一座现代化双轨拖曳式船模试验池建成。1976年，我国第一座空泡水筒实验室建成。

拖曳式船模试验池

空泡水筒实验室

世界海洋资源开发和利用技术自 20 世纪 60 年代后发生了巨大的发展和变化。西欧和北美等发达国家开始大力开发海洋油气资源，这引起了国内造船工作者们的极大关注，并将海洋工程学科的研究和人才培养提上了议事日程。在高等学校中，一些设有土木、水利、港口等专业的学校开始筹建海洋工程方面的专业。以上海交通大学船舶与海洋工程专业为例，1978年交大船舶制造系更名为船舶及海洋工程系。1993年招生时，海洋工程专业扩大为海岸与海洋工程专业。

1998 年教育部颁布普通高等学校本科专业目录，海洋工程类目中下设船舶与海洋工程专业。后来，国家根据科学规范、主动适应、继承发展的修订原则，经分科类调查研究、专题论证、总体优化配置、广泛征求意见、专家审议、行政决策等过程，在 1998 年本科专业目录的基础上印发 2012 年普通高等学校本科专业目录，海洋工程类增加海洋工程与技术、海洋资源开发技术 2 个特设专业。随着学科发展，海洋工程类本科专业逐渐增加到 6 个，包含 1 个基本专业和 5 个特设专业。2018 年新增海洋机器人专业、2021 年新增智慧海洋技术专业、2023 年新增智能海洋装备专业。

1.2 我国船舶与海洋工程装备的发展成就

船舶与海洋工程装备是指开发、利用和保护海洋时使用的各类船舶和装备，包括各类海洋运载装备、海洋油气资源开发装备、海洋矿产资源开发装备、海洋渔业装备、海洋可再生能源开发装备以及其他辅助性工程船舶和施工装备等。

21 世纪以来，我国船舶与海洋工程装备产业抓住了难得的国内外市场机遇，进入了历史上发展最快的时期，取得了显著成就，海洋高技术自主创新能力得到大幅提升。截至 2023 年，国内海洋科研机构超 200 家。我国在海洋运载装备、海洋油气开发装备、海洋渔业装备、海洋可再生能源开发装备、海洋科考装备、海洋施工装备等诸多方面取得了丰硕的成果。

1.2.1　海洋运载装备

海洋运载装备是指以开发和利用海洋资源、维护海洋利益为目的的运载装备，主要指各类运输船舶。在海洋运载装备制造业市场上，中韩两国占据近九成的市场份额，行业集中度还在不断提升。我国新船订单虽然主要集中于传统船型，如油船、散货船等，但整体产业正逐渐向高附加值装备领域转型。近几年，已获得大量大型集装箱船与液化天然气（liquified natural gas，LNG）船订单，并建造了大型邮轮。目前，我国与韩国在高端船舶建造方面正处于激烈竞争中。巨型油轮（very large crude oil carrier，VLCC）、超大型集装箱船（ultra large container ship，ULCS）、LNG 船、豪华邮轮等就属于这类装备。

在当代船舶工业中，VLCC、ULCS 和 LNG 船的建造是衡量一个国家船舶制造水平和能力的重要标准。VLCC 的载重量一般为 20 万～30 万吨，相当于 200 万桶原油的装运量。全世界建成的 VLCC 有 400 多艘。2022 年，由中国船级社独立审图和建造检验的全球首艘 LNG 双燃料 VLCC "远瑞洋"

轮交付。"远瑞洋"轮由大连船舶重工集团有限公司为中远海运能源运输股份有限公司建造，综合节能指标和性能指标居于世界领先水平。在全球能源转型背景下，采用 LNG 作为主燃料在超大型原油船上应用，为大型船舶的节能减排及航运业推动"碳达峰、碳中和"目标落地起到积极的示范引导作用，具有里程碑意义。

全球首艘 LNG 双燃料巨型油轮"远瑞洋"轮

集装箱船，是可用于装载国际标准集装箱的船舶。2023年，中国船舶集团有限公司（以下简称中船）旗下江南造船（集团）有限责任公司为中国船舶集团（香港）航运租赁有限公司和瑞士地中海航运公司建造的全球最大量级（24000 标准箱级）集装箱船——"地中海·中国"号在上海交付。这艘20 万吨级巨轮以"中国"命名，由中国研发制造，从中国出发，执行"丝路海运"航线。

"地中海·中国"号

　　LNG 船是在－163℃低温下运输液化气的专用船舶，是一种"海上超级冷冻车"，被喻为世界造船业"皇冠上的明珠"之一，现只有美国、中国、日本、韩国和欧洲的少数几个国家的 13 家船厂能够建造。2022 年，中船旗下沪东中华造船（集团）有限公司（以下简称沪东中华）承建的"中海油中长期 FOB 资源配套 LNG 运输船"项目首制船在长兴造船基地开工建造。这标志着由中国自主研发设计、代表当今世界大型 LNG 船领域最高技术水平的中国第五代"长恒"系列 17.4 万立方米 LNG 船由设计蓝图"驶向"实船建造，成为中国造船业在 LNG 船研发设计领域从跟跑、并跑到领跑进程中的重要里程碑。

　　大型邮轮是海洋上的定线、定期航行的大型客运轮船。"爱达·魔都"号（Adora Magic City）是中国第一艘国产大

第五代"长恒"系列 LNG 船

"爱达·魔都"号大型邮轮

型邮轮,全长 323.6 米,总吨位 13.55 万吨,最多可载乘客 5 246 人。"爱达·魔都"号于 2023 年正式出坞,于 2024 年正式开始商业运营。"爱达·魔都"号的成功建造标志着我国已具备同时建造航空母舰、大型 LNG 运输船、大型邮轮的能力,集齐了造船工业的三颗"明珠"。

1.2.2　海洋油气开发装备

海洋油气开发装备主要指海洋油气资源和天然气勘探、开采、储存、加工等方面的大型工程装备和辅助性装备，包括各类钻井平台、生产平台、浮式生产储油船、铺管船、水下采油装备等。

近年来，我国海洋石油勘探所需的关键设备和技术产品发展迅速，深水钻井和采油装备国产率逐渐提升，产品集成化和智能化水平进步明显，考虑到我国巨大的海洋油气开发装备市场潜力，海洋油气开发装备自主研发相关行业将有广阔的市场应用前景。

我国深水油气工程技术装备起步于"十一五"，建成了以"海洋石油 981"号和"蓝鲸 2"号深水半潜式钻井平台、"深海一号"深水半潜式生产储油平台、"海洋石油 201"号深水铺管起重船等为代表的大型深水海洋油气开发装备，在国际上具有较高的竞争力和影响力，已在国际市场占有了一席之地。

半潜式钻井平台是大部分浮体没于水面下的一种小水线面的移动式钻井平台。"海洋石油 981"号深水半潜式钻井平台和"蓝鲸 2"号深水半潜式钻井平台是我国半潜式钻井平台的代表性成果。

"海洋石油 981"号深水半潜式钻井平台于 2008 年开工建造，是中国首座自主设计、建造的第六代深水半潜式钻井平台，整合了全球一流的设计理念和装备，是世界上首次为南海恶劣海况而设计的，能抵御 200 年一遇的台风。该平台的建成标志着中国在海洋工程装备领域已经具备了自主研发能力和国际竞争能力。

"海洋石油 981"号深水半潜式钻井平台

"蓝鲸 2"号深水半潜式钻井平台是由烟台中集来福士海洋工程有限公司自主设计建造的超深水双钻塔半潜式钻井平台，最大作业水深为 3 658 米，最大钻井深度为 15 250 米，自重 4.4 万吨，可抵御 15 级以上的飓风。2020 年，"蓝鲸 2"号半潜式钻井平台在水深 1 225 米的南海神狐海域顺利开展第二轮可燃冰试采任务。

1.2.3 海洋渔业装备

海洋渔业装备主要指海洋捕捞装备和养殖装备，包括渔

"蓝鲸 2"号深水半潜式钻井平台

船、海洋网箱、养鱼平台等。近年来，我国在海洋渔业装备方面取得了长足的进步，加强了渔业船舶的船型优化技术研究，大力发展深海养殖工船和网箱的建造技术并取得了实际成效。

我国在 2022 年建造了全球首艘 10 万吨级智慧渔业大型养殖工船"国信 1 号"，并于 2022 年在青岛北海船舶重工有限责任公司出坞下水。"国信 1 号"总长 249.9 米，排水量 13 万吨，排水量相当于两艘航母，是全球设计规模最大、功能最全、实用性和可靠性最强的渔船。全船共 15 个养殖舱，养殖水体达 8 万立方米，用于开展大黄鱼等高端经济鱼类的养殖生产，可年产高品质大黄鱼 3700 吨。"国信 1 号"养殖工船在产业发展和技术创新应用上的前瞻性、引领性和示范性对拓展我国深远海养殖空间、带动渔业产业升级转化具有非常重要的现实意义。

"国信1号"养殖工船

1.2.4　海洋可再生能源开发装备

海洋可再生能源开发装备是指开发海洋中各种可再生能源的装备，如潮汐能发电机组、海上风电机组、海洋波浪能发电装置、海洋潮流能发电装置等。不同海洋可再生能源的获取技术成熟度和发展水平各不相同，大体上包含从实验室向工程应用转化、初步商业化和成熟商业化3个不同阶段，其中，潮汐能和海上风能开发装备已相对成熟，潮流能和波浪能已具备初步商业化基础。

潮汐能技术相对成熟，各国早已建立大量的小型潮汐电站，部分电站已进行了长期的商业运行。

在海上风能方面，我国正在实现从追赶到超越，如2023年，全球首台16兆瓦超大容量海上风电机组在福建海上风电场成功并网发电，标志着我国海上风电大容量机组的研发制造及运营能力达到国际领先水平。目前，全球市场上近六成风电设备产自中国，全球海上风电累计装机容量达 57.6 吉瓦，我国累计装机容量达 30.51 吉瓦，占全球市场份额的 53%。我国风电累计出口容量为 1 193 万千瓦，已覆盖 49 个国家和地区，风电设备出口量正快速增长。

在海洋波浪能方面，中国自主研发的首台兆瓦级漂浮式波浪能发电装置"南鲲"号已在广东珠海投入试运行，标志着中国兆瓦级波浪能发电技术正式进入工程应用阶段。

在海洋潮流能方面，世界首台"3.4 兆瓦 LHD 林东模块化大型海洋潮流能发电机组"首期 1 兆瓦的发电机组在舟山岱山海域正式启动发电，这是由我国自主研发生产、装机功率世界最大的潮流能发电机组。

1.2.5　海洋科考装备

海洋科考装备是人类认识、探测与研究海洋最有效的平台、工具与载体，包括各类测量船、科考船、调查船、钻探船以及各类深海运载器等。

测量船是指专门从事各海区、港口和航道的水深及障碍物等测量、定位的船舶。"远望 2"号远洋航天测量船是我国第一代综合性航天远洋测控船，主要承担我国航天飞行器的海上测量、控制、通信和打捞回收任务，是我国航天测控网的重要组成部分。特别是在载人航天工程海上测控中，它担负着天地话音传输任务，让中国航天第一人杨利伟在太空中与地面成功

全球首台 16 兆瓦超大容量海上风电机组

"远望 2"号远洋航天测量船

进行了天地通话。

　　极地考察船是专门在南北极海域进行海洋调查和考察的专业海洋调查船。"雪龙 2"号极地科考破冰船是全球第一艘采用船艏、船艉双向破冰技术的极地科考破冰船，能以 2～3 节（1 节≈1.85 千米/时）的航速在冰厚 1.5 米和雪厚 0.2 米的条件下连续破冰航行，可实现极区原地 360°自由转动，并突破极区 20 米当年冰冰脊。"雪龙 2"号装备了国际先进的海洋调查和观测设备，能在极地冰区海洋开展物理海洋、海洋化学、生物多样性调查等方面的科学考察。

"雪龙 2"号极地科考破冰船

　　潜水器是指具有水下观察和作业能力的潜水装置，主要用来执行水下考察、海底勘探、海底开发和打捞、救生等任务，分为载人潜水器和无人潜水器。"奋斗者"号载人潜水器是我

"奋斗者"号载人潜水器

"思源"号全海深无人潜水器

国研发的万米载人潜水器。2020 年 11 月 10 日，"奋斗者"号载人潜水器在马里亚纳海沟成功坐底，坐底深度为 10 909 米，刷新了中国载人深潜的新纪录。"思源"号全海深无人潜水器是由上海交通大学牵头研发的全海深无人潜水器，于 2021 年在西太平洋公海海域顺利完成深海试验，验证了其装备的稳定性和强大的深海海底作业能力。

1.2.6　海洋施工装备

海洋施工装备是指各类从事海上工程作业的船舶及海洋装备，主要功能是海上的施工建设和运行维护。海上挖泥船就是一种典型的海洋施工装备。

挖泥船一般是指负责清挖水道与河川淤泥的船舶。海上挖泥船除了清除海底淤泥外，也是吹沙填海的利器。"天鲸号"自航绞吸式挖泥船由上海交通大学、中交天津航道局有限公司、招商局重工（深圳）有限公司等联合开发建造。上海交通大学承担了"天鲸号"的主要设计任务，以此为基础的"海上大型绞吸疏浚装备的自主研发与产业化"项目获得 2019 年度国家科技进步特等奖。"天鲸号"自航绞吸式挖泥船装机功率、疏浚能力居于亚洲第一、世界第三，在"一带一路"港口建设、基础设施建设、航道疏浚等工程中创造了举世瞩目的中国速度和多项世界纪录，在建设海洋强国、维护国家主权、推进国家战略中发挥了不可替代的作用。

"天鲸号"自航绞吸式挖泥船

1.3 未来的机遇与挑战

当前，全球船舶与海洋工程装备业处于深度调整期，技术创新和产品升级是行业发展的必然趋势，更是赢得未来竞争的重要手段。"深海＋极地"的区域发展形势衍生了船舶与海洋工程装备行业新的发展空间，"绿色＋智能"的技术发展趋势塑造了船舶与海洋工程装备行业新的发展热点，我国未来的船舶与海洋工程装备发展面临着巨大的机遇和挑战。

1.3.1 从近浅海到深远海

随着全球人口的持续增加以及陆地资源的日渐枯竭，深海大洋已成为世界各国获取资源、拓展空间、谋求发展的新高地。在科技进步的时代大潮推动下，全球范围内深海治理与开发保护的步伐明显加快，深海探测技术和认知水平显著提高。

深海具有丰富的矿产和生物资源，是海洋大国全球战略布局和利益博弈的重要场所。深海高压、低温、黑暗的极端环境对海洋装备提出了重大挑战，深海资源开发装备系统技术复杂，研发困难巨大。近年来，美国、加拿大、英国等国的深海矿业公司正加紧深海采矿技术研发，国际海底矿产资源勘探加速，商业性开采时代即将来临。虽然我国深海资源开发装备技术起步晚于西方国家，但近几年，我国在相关装备的研发上进展迅速，从海洋装备的整体发展趋势来看，只要我们抢抓机遇，勇敢面对挑战，我国的深海资源开发装备技术将会迎来春天。

人类对深海的观测主要依赖于深潜器，我国在深潜器的自主发展方面已经取得了显著突破，无论在载人潜水器还是无人潜水器方面，均建造了具有实现万米潜深能力的装备。深海潜水器国产率不断提升，我国突破了一系列关键技术，但在材料、能源、通信、工艺等方面的技术发展参差不齐，一批关键技术和基础技术与国际先进水平仍有差距，亟需突破。

1.3.2　从大洋驶向极地

极地地区蕴藏着丰富的油气、矿产和渔业资源，是世界未来重要的能源和资源基地，更是大国博弈的战略必争地。北极地区已探明的原油储量达 900 亿桶，占全球未开采石油储量的 13％；天然气储量超过 47 万亿立方米，占全球未开采天然气储量的 30％。极地装备是在极地水域开展极地航运、科学考察、救援保障等作业活动的重要载体，随着全球气候变暖和人类对极地水域的探索不断深入，极地区域在科考探测、国际新航道、能源安全、军事存在等领域的战略价值进一步凸显，对于极地装备的需求已经从传统的极地运输向极地科考、极地资源开发、极地旅游等多战略、多用途方向发展。然而，极地区域具有距离遥远、气候恶劣、浮冰量大、生态脆弱、高纬度、低水温等特征，对极地船舶的安全保障、环境保护等方面提出了更高的要求。

就我国极地科考和极地开发的实际情况而言，我国亟需重型破冰船、极地捕捞船、极地搜救船等海洋装备，以保障我国极地战略、军事和船舶安全。与世界上其他的常用航道相比，通过北极航道运输货物能够节省可观的费用与时间。我国需要大力发展极区航行技术和破冰船技术，增加破冰船装备数量，使我国具备规模化的极区通航能力，以更好地满足我国日益增长的国际航运需求。在此情况下，需要加强与极区国家在资源勘探、开发、运输、装备制造等领域的合作，形成我国持续性的极区资源开发能力。通过抓住北极冰盖融化有利于渔业资源开发的机遇，大力发展渔业捕捞技术，为后续的渔业资源开发做准备。同时，还需要在现有极区科考技术和经验的基础之上，进一步提高我国极地考察技术、管理和后勤保障水平，形成国际领先的极区科考能力。

1.3.3 "双碳"背景下的新挑战

国际环保规则日益严格，对海洋装备绿色发展提出了更高要求，绿色船舶技术日益受到关注。近年来，船舶带来的能耗问题和海洋环境污染问题越发引人注目。同时，国际海事组织针对船舶节能减排的新公约、新规范也不断出台，促使船舶工业及其上下游产业不得不考虑如何更好地实现船舶绿色化发展。绿色船舶的核心内容在于海洋经济可持续发展，其要求是在船舶的全生命周期（设计建造、营运、拆解）内采用先进技术，在满足功能和使用性能要求的基础上，实现节省资源和能源消耗，并减少或消除造成的环境污染，包含船舶总体绿色技术、船舶动力绿色技术、船舶营运绿色技术等方面。

以欧洲和日韩为代表的主要造船国家关注点都在绿色替代能源和先进绿色船舶技术的研发上。其中，在绿色替代能源方面，LNG、绿色甲醇、绿氨和氢能源受到较多的关注；在绿色技术研发方面，气泡减阻等新技术备受关注。当前，中国船企在绿色船舶的设计建造方面走在世界造船行业的前列。2020年以来，我国相继交付了全球首艘 LNG 双燃料、风帆助推等绿色船舶。但是，我国在绿色船舶研发、设计、制造、配置方面还存在一系列的短板，如核心配套设备的核心技术依赖国外专利、船舶节能减排的关键配套技术缺乏系统性研究、国际船舶能效设计指数规范下的绿色船舶设计技术自主创新的能动性不足等。这些问题都需要新一代船海人去解决。

总之，低碳船舶和零碳船舶等新一轮技术变革带来的产业机遇，将影响船舶设计、船舶总装、动力装备、新型配套、修理改装等众多产业链环节，但这也是我国船舶工业和海洋装备业突破发展瓶颈、构建产业发展新优势所面临的新挑战。

1.3.4 智能化时代的新机遇

5G、人工智能、大数据、物联网等新一代信息技术的发展推动了海洋装备智能化、自动化和信息化的升级。以船舶为例，智能船舶是指利用传感器、通信、物联网、互联网等技术手段，自动感知和获得船舶自身、海洋环境、物流、港口等方面的信息和数据，并基于计算机技术、自动控制技术、大数据处理和分析技术，在船舶航行、管理、维护保养、货物运输等方面实现智能化运行的船舶，可使船舶更加安全、环保、经济和可靠。在新兴技术快速发展的时代背景下，世界各国纷纷投入人力物力，加快推进智能船舶的设计研发。

未来船舶和海洋工程装备发展将面临数字化和智能化的挑战，这已经成为当前船舶和海洋工程装备发展的重点方向，是行业实现新旧动能转换的重要途径。新一代信息技术推动船舶和海洋工程装备产业发生系统性变革，走向设计智能化、产品智能化。智能船舶目前处于产业快速创新期。近年来，全球造船界在智能船舶研发上加大投入，欧洲、日本和韩国等地的船厂已经实现初步的技术突破。罗尔斯-罗伊斯（Rolls-Royce）开放了智能船舶体验空间；商船三井与 Rolls-Royce 开展了船舶智能识别系统应用测试；挪威 Yara 集团启动了电力推进的零排放无人船舶项目。

第2章

专业面面观

2.1 初识海洋工程类专业

根据《普通高等学校本科专业目录（2024版）》，我国普通高校本科专业共分为 12 大门类，包含哲学、经济学、法学、教育学、文学、历史学、理学、工学、农学、医学、管理学、艺术学。其中，工学门类中共有 32 个一级学科，包含力学类、机械类、仪器类、材料类、能源动力类、电气类、电子信息类、自动化类、计算机类、土木类、水利类、测绘类、化工与制药类、地质类、矿业类、纺织类、轻工类、交通运输类、海洋工程类、航空航天类、兵器类、核工程类、农业工程类、林业工程类、环境科学与工程类、生物医学工程类、食品科学与工程类、建筑类、安全科学与工程类、生物工程类、公安技术类、交叉工程类。

2.1.1 海洋工程类专业有哪些？

海洋工程类专业目前包括船舶与海洋工程、

海洋工程与技术、海洋资源开发技术、海洋机器人、智慧海洋技术和智能海洋装备 6 个本科专业（见表 2－1）。目前，船舶与海洋工程专业有 42 所高校设立，海洋工程与技术专业有 10 所高校设立，海洋资源开发技术有 15 所高校设立，海洋机器人专业有 2 所高校设立，智慧海洋技术专业有 1 所高校设立。

表 2－1　《普通高等学校本科专业目录（2024 年）》中的海洋工程类专业

专业代码	专业名称	学位授予门类	修业年限	增设年度
081901	船舶与海洋工程	工学	四年	
081902T	海洋工程与技术			
081903T	海洋资源开发技术			
081904T	海洋机器人			2018
081905T	智慧海洋技术			2021
081906T	智能海洋装备			2023

注：专业目录包含基本专业和特设专业。基本专业一般指学科基础比较成熟、社会需求相对稳定、布点数量相对较多、继承性较好的专业。特设专业是为满足经济社会发展特殊需求所设置的专业，在专业代码后加"T"表示。

1. 船舶与海洋工程（081901）

以上海交通大学船舶与海洋工程专业为例。1943 年，上海交通大学开创中国高等工程教育之先河，创建了中国第一个造船工程系，开启了规模化稳定培养船舶工业高级技术人才的历程，为我国船舶工业人才培养和海军装备技术发展奠定了深厚基础。后经发展，造船工程系发展为船舶与海洋工程系，目前已成为我国船舶与海洋工程学科的策源地，在教育部历次学科评估中位列全国第一或 A＋学科，2017 年入选教育部首批

"双一流"学科建设名单，2019 年获教育部批准成为国家级首批一流本科专业建设点，2017—2023 年在 ARWU 世界大学一流学科排名中连续位居第一。

船舶与海洋工程专业对接国家"海洋强国"战略对人才的需求，注重训练学生系统思维的能力，立足行业发展，培养从事高新船舶设计开发与绿色节能技术、船舶智能制造、海洋工程装备开发与关键技术、海上智能装备与系统、水下作业与探测技术的理论和应用的"总师型"卓越人才。本专业的课程体系主要分为五大模块——设计制造、流体性能、结构安全、绿色动力和智能控制。主要课程包含船舶设计基础、船舶流体力学、船舶快速性、海洋结构物动力学、绿色船舶动力系统、船舶设计、船舶结构力学、船舶与海洋工程结构设计、智能船舶基础、智能船舶创新实践、船舶智能制造、行业实践等。

本专业依托一流学科资源，将科研优势化为育人优势，已形成了一批在我国乃至世界领先的优势学术方向，造就了一批以院士为核心的著名学科带头人，成为我国学科门类齐全、综合研究实力雄厚、独具特色的船舶与海洋工程科研和教学基地，享有很高的学术声誉。学科深入拓展时代内涵，不断创新人才培养新模式：首开船舶与海洋工程专业强基计划"旭华班"，融合智能海洋装备与技术、开设船舶与海洋工程-数学与应用数学双学位特色项目、设立"一专多微"项目（一个主修专业＋多个微专业），助力青年学子专业发展。

2. 海洋工程与技术（081902T）

以浙江大学海洋工程与技术专业为例，该专业面向"海洋强国"国家战略和国家对海洋领域专业人才的需求，设置海洋工程、海洋技术两个专业方向。

海洋工程方向主要培养港口航道、海岸与海洋工程、海洋结构物等领域的专业人才，其前身是具有 60 余年历史的港口与航道工程专业。毕业生就业领域广阔，如海洋、交通、水利、教育等行业，在众多大型港口航道以及海岸工程建设中发挥了积极作用，影响深远。海洋工程方向的学生要学习海洋、土木、水利、信息、计算机等学科的知识内容，毕业后能够胜任港口、航道、海岸工程（防波堤、围海造田、跨海大桥等）、海洋平台以及海上风电结构物的设计、规划、分析评估、智能健康检测和相关研究。港口、航道、海岸工程、海洋工程包括为船舶靠岸选址规划，为江海联运设计优化通道，为河口海岸堤防抵御洪水、海浪与风暴等内容，为新时代开发利用绿色海洋能源等提供大有作为的广阔天地。本方向的核心课程有流体力学、海洋结构物概论、结构力学、泥沙动力学、钢筋混凝土结构设计、水文学与水动力学、土力学与工程地质、港口规划与结构物设计、智能结构与智慧港口等。

海洋技术方向主要培养海洋装备技术、海洋信息技术等领域的专业人才。当前国家对海洋装备、海洋信息等领域的人才需求十分迫切，本方向培养的学生可在海洋高端装备研发、海洋资源利用与开发、海洋电子信息、海洋环境监测与保护等海洋技术领域就业。海洋技术是开发利用海洋资源、保护海洋环境以及维护国家海洋安全所使用的各种技术的总和。本方向学生主要学习支撑人类认识海洋、进入海洋、开发海洋和保护海洋等一系列活动的综合技术的基础和专业知识，具体包括海洋、机械、电子、信息、控制等；毕业后能够胜任各种海洋装备、水下机器人、海洋探测、海洋电子、智慧海洋、海洋信息等领域的设计、研究、制造、规划与管理等工作。本方向的核心课程有流体力学、自动控制原理、微机原理与接口技术、海洋信息学、海洋调查方法、海洋工程建模基础、水声学原理、嵌入式系统、水下机器人设计等。

3. 海洋资源开发技术（081903T）

以中国海洋大学海洋资源开发技术专业为例，该专业依托"水产品加工与贮藏工程"国家重点学科、教育部"海洋生物资源高效利用研究与开发"创新团队等国内一流的学科平台，聚焦海洋生物资源开发利用，重点围绕生物转化工程、高值化利用工程和质量安全控制技术等，培养海洋资源开发领域设计研发、生产管理等方面的创新型人才和行业领导者。该专业是2010年新增的国家新兴工科专业，并于2011年获批为国家级特色专业，2021年入选国家级一流本科专业。

本专业培养热爱海洋、熟悉海洋（生物）资源、德智体美劳全面发展的社会主义建设者，能胜任海洋资源开发及相关领域科学研究、生产管理、工程实践、经营开发、检测认证、教育培训或咨询服务等岗位的高素质、复合型工程人才。

学生热爱海洋及海洋资源开发事业，具有深厚的海洋科学和人文素养。其毕业后能在维护国家海洋合法权益方面发挥骨干作用；能够推动海洋（生物）资源开发利用的革新和进步，有效解决海洋（生物）资源开发利用实践中的复杂工程问题；

将海洋资源开发与化学、生物、环境、信息、管理等相关学科的新理念、新工具、新技术有效地交叉融合，从而不断地拓展完善自身素质，在海洋资源开发事业中逐步承担更加复杂、多元化的职责。

本专业的核心课程包括化工原理、生物化学、微生物学、水产资源利用化学、生化工程、海洋生物资源原料学、海洋生物资源加工装备、海洋微生物工程、海洋生物资源精深技工技术、海洋生物资源产品质量控制等。

4. 海洋机器人（081904T）

以哈尔滨工程大学海洋机器人专业为例，该专业以培养具有良好的思想道德素质、人文科学修养和创新意识，适应社会经济发展与国防建设需要，德、智、体全面发展，具有扎实的人工智能、控制、力学基础，掌握海洋机器人基本理论和专业知识，具备从事相关行业工作所需技能，能够胜任海洋机器人研究、设计、建造等工作的一流工程师、行业领军人才和科学家为目标。

海洋机器人具有技术高度集成和融合的特征，是一门将水动力学、控制技术、人工智能、计算机仿真等高科技手段综合运用于海洋领域的新兴交叉学科。专业培养坚持多学科交叉、理论教学与实习实践相结合的模式。在本科学制的前六个学期主要进行基础核心课程的理论学习；第七、八学期主要进行相关创新创业实践类课程的学习，并进行毕业设计，让学生将理论基础运用于工程实践。专业所依托的水下机器人技术重点实验室的软硬件实验条件可以充分满足本科生的科研、教学以及实验需求。

本专业开设的主要课程有海洋机器人专业导论、船舶与海洋工程流体力学、电路与电子技术、自动控制原理、人工智能、海洋机器人操纵与控制、水下导航与定位技术、海洋机器人环境感知、海洋机器人设计、水下密封与腐蚀防护等。

5. 智慧海洋技术（081905T）

该专业面向海洋强国战略，针对我国海洋工程领域对信息化、智能化技术的迫切需求，围绕海洋智能感知、海洋大数据和海洋智能系统等，在海洋科学、人工智能、海洋工程等方向深度交叉融合，培养引领智慧海洋科技发展的领军人才。

立足信息技术角度，智慧海洋主要包括智能信息采集、智能信息传输、智能信息处理、智能信息服务，海洋物理场认知机理是智慧海洋技术源头理论基础之一，人工智能和大数据颠覆性技术是智慧海洋核心支撑技术。专业围绕海洋物理场基础理论、人工智能与大数据、工程设计技术，设立海洋智能感知、海洋智能大数据、海洋智能系统三个特色方向。

专业在人才培养模式中，以尊重学生志趣为前提，以学生成长为中心，通过在个性培养的弹性学制、全面培养的多维导师制和立体培养的工学书院制等培养模式方面的改革，为学生"面向未来的学习"提供政策和条件支撑，实现人才培养模式新突破。

6. 智能海洋装备（081906T）

该专业于 2023 年增设并通过教育部审批，于 2024 年 3 月列入《普通高等学校本科专业目录》。

船舶与海洋工程专业是海洋工程类的基础专业，继承了海洋工程类教育的主体课程体系，学科基础雄厚，发展较为成熟，其他特设专业为满足经济社会发展特殊需求而开设的新专业。本书将着重介绍以船舶与海洋工程专业为主体的海洋工程类专业情况。

2.1.2　船舶与海洋工程专业的特点和作用

1890 年，美国著名军事理论家马汉在《海权论》中提出，海洋必将成为渴望获得财富和拥有实力的海上强国进行竞争和发生冲突的主要领域，海上强国必须具备多个条件以获得海上行动自由，海军战略的关键是在平时和战时建立和运用国家的海上力量，夺取制海权的方法是舰队决战和海上封锁。这一理论极大地影响了 19 世纪各国的国家发展战略。

我国作为一个海陆兼备的发展中大国，建设海洋强国成为全面建设社会主义现代化强国的重要组成部分。习近平总书记曾指出，21 世纪，人类进入了大规模开发利用海洋的时期。海洋在国家经济发展格局和对外开放中的作用更加重要，在维护国家主权、安全、发展权益中的地位更加突出，在国家生态文明建设中的角色更加显著，在国际政治、经济、军事、科技竞争中的战略地位也明显上升。当前，中国经济已发展成为高度依赖海洋的外向型经济，对海洋资源、空间的依赖程度大幅度提高，在管辖海域外的海洋权益也需要不断加以维护和拓展。这些都需要通过建设海洋强国加以保障。为了培养建设海洋强国的战略人才，我国在本科阶段设立船舶与海洋工程专业。

　　船舶与海洋工程专业主要分为船舶工程和海洋工程两个方向。船舶工程是研究各类船舶的设计、性能、结构、建造等的学科，其研究对象不只是船舶，还包括各种海上运载器，如海上移动固定建筑结构、水面船舶、水下潜器、水面浮台等海洋相关工程装备，主要培养从事船舶设计、研究、试验等方面的高级工程技术人才。海洋工程是指以开发、利用、保护、恢复海洋资源为目的的工程专业，如建造海上堤坝工程、跨海桥梁、海底隧道、围填海陆等。国务院印发的国家行动纲领——《中国制造 2025》为"造船强国"做出新注解，"海洋工程装备及高技术船舶"被归为重点突破的十大战略领域之一。在本科就业排行中，船舶与海洋工程专业是名副其实的高就业率专业。不论是投身科研还是实业报国，船舶与海洋工程专业都将是高考学子报考专业的不错选择。

　　我国当前正处于从"造船大国"向"造船强国"迈进的重要阶段，船舶与海洋工程行业正在面向绿色化、智能化发展，行业对绿色智能的高端复合人才、全球海洋治理人才、顶尖技术技能人才的需求日益迫切，人才结构性矛盾已经成为制约行业发展的难题之一。

　　面向行业人才需求和产业升级，当前国内高校的船舶与海洋工程专业也逐渐开启新工科人才培养模式的创新之路。人才培养体系不断融合人工智能与绿色低碳等前沿技术，重视与力学、电学、信息、材料和环境等学科的交叉建设，培养具有多学科视角、具备系统性思维、能解决复杂工程问题的创新人才。

2.1.3 哪些学校开设船舶与海洋工程专业?

世界大国的崛起,无一不起步于造船、经略于海洋。新中国成立后,国内逐步完善科研与人才培养体系,学科综合实力与日俱增。当前,我国已迈入世界造船大国的行列,建立了高水平的船舶工业体系,部分领域达到世界一流水平。经历了七十余载沉淀,国内高校的船舶与海洋工程学科实现了从追赶到赶超的巨变。在历年软科世界一流学科排名中,上海交通大学等高校的船舶与海洋工程专业位居世界前列。

我国开设船舶海洋与建筑工程专业的高校超过四十所。自2019年教育部评选一流专业建设点至今,全国有21所高校入选船舶与海洋工程专业一流专业建设点,如表2-2所示。

表2-2 船舶与海洋工程专业一流专业建设点

序号	单位	入选年份	序号	单位	入选年份
1	上海交通大学	2019	12	西北工业大学	2020
2	哈尔滨工程大学	2019	13	中国石油大学	2020
3	中国海洋大学	2019	14	上海海事大学	2020
4	武汉理工大学	2019	15	广东海洋大学	2020
5	天津大学	2019	16	集美大学	2020
6	江苏科技大学	2019	17	江苏海洋大学	2020
7	华中科技大学	2019	18	重庆交通大学	2020
8	浙江海洋大学	2019	19	华南理工大学	2022
9	大连理工大学	2020	20	宁波大学	2022
10	大连海事大学	2020	21	青岛黄海学院	2022
11	哈尔滨工业大学	2020			

1. 国内部分院校概览

上海交通大学

◎ 上 海

上海交通大学是我国历史悠久、享誉海内外的高等学府之一，是教育部直属并与上海市共建的全国重点大学。经过 120 多年的不懈努力，已建设成为一所"综合性、创新型、国际化"的国内一流、国际知名大学。近年来，通过国家"985 工程""211 工程"和"双一流专项"的建设，学校高层次人才日渐汇聚，科研实力快速提升，

上海交通大学
船舶与海洋工程
专业云探索

实现了向研究型大学的转变。上海交通大学在船舶与海洋工程方面培养了大批人才，创造了中国近现代发展史上的诸多"第一"，如培养了新中国第一艘万吨轮总师许学彦院士、第一代

上海交通大学

核潜艇总师黄旭华院士、第一艘深海载人潜水器总师徐芑南院士、第一艘航空母舰总师朱英富院士等。

上海交通大学船舶与海洋工程学科始建于 1943 年。2007 年，船舶与海洋工程学科被评为首批一级学科国家重点学科，并获得国家首批博士学位授予权，船舶与海洋工程专业入选国家特色专业。2017 年，船舶与海洋工程学科入选"双一流"建设学科。2019 年，入选国家级一流本科专业建设点。2017—2023 年软科世界大学一流学科排名连续位居第一，历次学科评估均获评全国第一或 A+。2024 年，入选教育部"强基计划"，成为全国首个海洋工程类专业入选高校。现有中国科学院院士 1 名、中国工程院院士 1 名。作为我国船舶与海洋工程高等教育的策源地，培养了以"共和国勋章"和"国家最高科学技术奖"获得者黄旭华院士为代表的 11 名两院院士和一大批科技精英、行业领军人才。

近年来，上海交通大学船舶与海洋工程专业本科生读研深造率超过 73%，毕业生就业率为 100%。在人才引育过程中，助力学生在就业过程中与国家发展和民族振兴同向而行，推动毕业生高质量就业，国家重要行业及关键领域就业率约 78%。越来越多的毕业生选择将个人发展与国家战略需求相结合，主动到国家重点地区、重大工程、重大项目、重要领域等国家主战场建功立业，努力成长为支撑国家重大战略、服务国家重点行业的复合型人才。

哈尔滨工程大学

◎ 哈尔滨

　　哈尔滨工程大学是船海行业特色鲜明的重点大学。1970年，在哈尔滨军事工程学院原址以海军工程系为主体组建了哈尔滨船舶工程学院。1978 年，哈尔滨船舶工程学院被国务院确定为全国重点大学。1994 年，哈尔滨船舶工程学院更名为哈尔滨工程大学，现隶属于工业和信息化部，是工业和信息化部、教育部、黑龙江省、哈尔滨市共建高校。2017 年，哈尔滨工程大学进入国家"双一流"建设行列（船舶与海洋工程进入"一流学科"建设行列），是国家"三海一核"（船舶工业、海军装备、海洋开发、核能应用）领域重要的人才培养和科学研究基地。学校以船舶与海洋装备、海洋信息、船舶动力、先进核能与核安全 4 个学科群为牵引，构建特色学科优势突出、通用和基础学科支撑配套、专业结构布局合理的"三海一核"特色学科专业体系。

哈尔滨工程大学

哈尔滨工程大学船舶与海洋工程学科前身为 1953 年创立的哈尔滨军事工程学院海军工程系造船科。目前，哈尔滨工程大学已经成为我国船舶工业、海军装备和海洋开发领域科学研究与人才培养的重要基地。2017 年，船舶与海洋工程学科入选"双一流"学科，船舶与海洋工程专业入选国家级一流本科专业建设点，获批国家级特色专业、国家级综合试点改革专业、国家级卓越工程师计划试点专业、国防科工委重点专业、黑龙江省重点专业。

近年来，专业本科生就业率均超过 97%，升学率超过 73%。毕业生主要就业单位包括国家级部委机关、中央企业、研究院所、船级社等，超过 70% 毕业生在船舶工业和国防系统内就业。

中国海洋大学

◎ 青岛

中国海洋大学是一所海洋和水产学科特色显著、学科门类齐全的教育部直属重点综合性大学，是国家"985 工程"和"211 工程"重点建设高校，2017 年入选国家"世界一流大学建设高校"。学校以建成特色显著的世界一流大学为发展目标，培养造就了大批国家海洋事业的领军人才和骨干力量，引领支撑了我国海洋科教创新发展，是全球海洋科教领域重要的交流平台。

中国海洋大学船舶与海洋工程学科自 2000 年起与港口海

中国海洋大学

岸及近海工程学科耦合发展，设置了海洋工程研究方向并招收硕、博士研究生。学科经过多年发展，入选山东省特色专业和山东省特色重点学科，2019 年入选首批国家级一流本科专业建设点。学科形成了院士领衔、国家级人才计划获得者为骨干、海内外优秀博士为主体、国内外知名的高水平教学与科研团队。

近年来，毕业生主要去向为船舶与海洋工程设计研究单位、海事局、国内外船级社、船舶公司、船厂、海洋石油单位、海军有关部门、相关的政府机构，从事船舶与海洋结构物设计、研究、制造、检验、使用和管理工作，或者报考研究生及出国留学深造。本科生就业率 100%，境内升学率约为 40%，境外升学率约为 10%。

武汉理工大学

◎ 武汉

武汉理工大学是首批列入国家"211 工程"重点建设的教

育部直属全国重点大学，是教育部和交通运输部、国家国防科技工业局共建高校。船舶与海洋工程学科创建于 1946 年，是我国首批硕士学位授权学科，1983 年获博士点授权，2000 年获一级学科博士点授权，是我国船舶与海洋工程一级学科国家重点学科和国防特色学科，船舶与海洋工程专业为国家一流本科专业建设点，教育部国家特色专业、卓越工程师试点专业和高等学校综合改革试点专业、湖北省品牌专业。培养了一大批扎根基层、把论文写在祖国大地上的毕业生，为船舶行业累计培养高素质人才 2 万余人，其中不乏大批行业高层次专家和行业高级管理人才。

武汉理工大学

武汉理工大学学科建设特色优势明显。多年来坚守内河船舶领域，聚焦国家重大战略和内河航运发展需求，形成了覆盖内河船舶基础理论研究与关键技术攻关的人才队伍和装备，为我国内河航运做出了重要贡献；国际化建设成效显著，通过"高性能船舶关键技术学科创新引智基地""智能船舶与航运安全国际领军人才培养项目""智能航运与海事安全示范型国家国际科技合作基地""武汉理工大学-南安普顿大学高性能船舶技术联合中心"等项目开展广泛的科研和人才培养合作。

近年来，本科学生就业率超过 98％，超 50％的学生升学或出国深造，本科生毕业 5 年后，90％左右从事专业相关工作，取得中级及以上技术职称或进入中层及以上管理岗位超过 75％。用人单位对毕业生工作能力和业务水平评价优秀率超过 80％。

天津大学

◎ 天津

天津大学是全国最早创办并招收船舶与海洋工程专业的重点高校之一，是国家"985 工程""211 工程"和"双一流"重点建设学科，首批国家特色专业、首批国家卓越工程人才计划专业；2019 年获评首批国家一流本科专业。

天津大学

天津大学形成了包括理论研究、成果转化、产品开发等"教、学、研"一体化的人才培养体系。科学研究扩展到新型舰船和海洋装备研究设计、海洋国策研究、海洋环境保护、海洋科学探索、海洋新技术研发等领域。天大船海人正以服务海洋强国和国家安全为己任，积极推动世界一流大学、一流学科建设，向着国际顶尖专业的目标快速前进。

近年来，本科生深造率超过 60%，就业率达 98%，培养了数以万计扎根国家重大工程建设的科技与管理人才，80% 以上毕业生投身中建集团、三峡集团、中船等央企、头部企业和重点行业，用行动积极响应"建设祖国永远向前进，家国情怀一生来践行"的号召。

江苏科技大学

⊙ 镇 江

江苏科技大学船舶与海洋工程学科拥有一级学科博士学位授权点和博士后流动站，是江苏省高校优势学科、国家重点学科培育建设点、"十三五"国家国防特色学科。学科支撑的船舶与海洋工程专业为国家一流专业、国家特色建设专业、国家级卓越工程师试点建设专业和国家级高等学校专业综合改革试点专业。

学科下设船舶与海洋结构物设计制造、轮机工程和水声工程三个学科方向，始终围绕国家海洋强国和造船强国发展战略，紧密结合船舶与海洋工程重大需求，培养应用创新型人才，开展科学研究，服务社会和行业发展，经长期发展和积淀，形成了显著优势和特色。

江苏科技大学

学科已经成为我国船舶工业、国防工业和海洋工程装备制造业科学研究和人才培养的重要基地之一。学科主要培养德、智、体全面发展的中国特色社会主义事业的建设者和接班人，培养在船舶与海洋工程领域具有创新意识的高层次应用研究型创新人才。本学科毕业生应掌握船舶与海洋工程学科扎实的理论基础和系统的专业知识，具有独立分析问题、解决问题的能力，同时掌握基本的实验测试与数据分析、计算机应用编程等技术。学生毕业后能够从事船舶与海洋工程领域相关的科研、设计、制造、教学和管理工作。

本学科为船舶行业培养了一批"扎得下根、吃得了苦、干得成事、聚得齐心"的优秀人才。近年来，学生就业落实率一直保持在 99％左右，升学（含出国）率超过 30％。毕业生参与了"蛟龙"号、"超深水半潜式钻井平台"、豪华邮轮、新一代破冰船、超大型集装箱船以及航母"辽宁舰""山东舰"的设计研发与建造，为我国船舶及海洋事业发展做出了卓越贡献，获得了良好的社会声誉。

华中科技大学

◎ 武汉

华中科技大学是国家教育部直属重点综合性大学，是国家"211工程""985工程"和首批"双一流"建设高校之一。其船舶与海洋工程专业的前身造船系是1959年受海军委托而创建的。1980年，造船系改名为船舶工程系；1984年，改名为船舶与海洋工程系；1997年，以船舶与海洋工程学科为主体，成立交通科学与工程学院；2008年，华中科技大学船舶与海洋工程学院正式成立。

华中科技大学

学院分别于1981年、1984年获得硕士学位、博士学位授予权，是全国第一批有学位授予权的学科点，1995年建立船舶与海洋工程博士后流动站，1998年船舶与海洋工程被批准为湖北省重点学科，1990年获轮机工程硕士授予权，2000年获一级学科博士、硕士学位授予权。近年来，学科基础设施建设不断完善，船舶和海洋水动力实验室获批湖北省重点实验室并通过验收，船舶与海洋结构物设计制造被批准为省重点学科，"船舶与海洋工程"一级学科获批湖北省重点学科，入选首批国家级一流本科专业建设点。

华中科技大学学生的毕业发展前景广阔，国内外升学率平均为 60%，每年就业率达 95% 及以上，毕业生有的在国家重点船舶单位（如沪东中华、相关研究所等）就业，有的已成长为科考船等大国重器的总设计师。

大连理工大学

⊙ 大连

大连理工大学船舶与海洋工程学科 1996 年获批博士点，2001 年船舶与海洋结构物设计制造获评国家二级重点学科，2003 年获批一级学科博士学位授予权及博士后流动站，入选"985 工程""211 工程"和"双一流"重点建设学科。经过多年发展，大连理工大学船舶与海洋工程已成为国际知名、居于国内前列的优势学科，赢得良好社会声誉。

学科致力培养具有强烈社会责任感、高尚道德品质、深厚基础和专业知识、较强实践创新能力及开阔国际视野的复合型人才，形成了以前沿学术引领的研究型教育和以创新实践促进的工程型培养并重的培养模式。学科入选高校特色专业建设点

大连理工大学

和"卓越工程师计划",建有 18 个校外实践基地。近年来,本科生升学率约 70%,有就业意向毕业生去向落实率接近 100%,"大工造船系"毕业生以"基础好、能力强、后劲足"的声誉广受好评。

2. 国外船舶与海洋工程专业设置情况

船舶与海洋工程专业在全球范围内具有较大影响力的国外高校有麻省理工学院(MIT)、挪威科技大学(NTNU)、加州大学伯克利分校(UCB)、密歇根大学安娜堡分校(UMich)、帝国理工学院(IC)等。除了以上顶尖高校,其他在海洋工程领域有重要影响力的大学及研究机构还包括南安普顿大学(Soton)、得克萨斯农工大学(TAMU)、英国纽卡斯尔大学(NCL)、新南威尔士大学(UNSW)、得克萨斯大学奥斯汀分校(UT-Austin)、查尔姆斯理工大学(CTH)、代尔夫特理工大学(TU Delft)、丹麦技术大学(DTU)、皇家理工学院(KTH)、南特中央理工学院(ECN)、新加坡国立大学(NUS)、南洋理工大学(NTU)、东京大学(UTOKYO)、韩国海洋大学（KMOU）等。这些世界一流高校基本汇聚了顶尖的科研力量，涉猎领域广泛，成果突出，在流体力学、结构动力学、海洋机器人、海洋环境监控、海洋可再生能源开发运用等各领域具有较高水平和重要影响力。近年来，随着智能化发展普及至各传统工科行业，国外船海学科顶尖高校逐步开设控制、算法、人工智能等领域的课程教学，旨在培养学科交叉的新型船舶与海洋工程专业高科技人才。

2.1.4　如何更早地了解船舶与海洋工程专业？

有些学生或因为亲友从事相关行业，对船舶、海洋相关领域产生了兴趣，在上大学之前就已涉猎相关知识。提前培育学科兴趣将有助于衔接高中阶段到本科阶段的学习过渡。然而，即便不了解船舶与海洋工程相关领域的家长学生也无需担心，近年来，部分高校前置学科引导，深入高中开展科技节、名师讲座、校园开放日等活动，为高中生拓宽了专业视野，将船舶与海洋工程的知识带入高中课堂。

此外，众多社会公共服务资源和网络资源也有助于培养青年学子的海洋情怀和对科学的热爱，激发青年学子对世界的好奇心和探索精神。本节将向大家推荐适合青少年了解船舶与海洋工程领域的科普教育展馆、书籍读物、主题节日及专业先导课程项目，以启发青年学子对海洋知识的兴趣。

科普教育展馆

国内不乏各类船舶、海洋领域的科普展馆（见表 2 - 3），丰富的主题展区和各类公益活动有助于青年学子走进实地，触摸实景，领略实物，真切地感受海洋的无限魅力。

表2-3　船舶与海洋工程领域部分科普教育展馆

场馆名称	所在城市	场馆简介
国家海洋博物馆	天津	中国首座国家级综合性、公益性海洋博物馆，全面展示了海洋自然历史和人文历史
中国人民解放军海军博物馆	青岛	中国唯一一座反映中国海军发展的军事博物馆，是人民海军的历史、精神和文化高地
中国航海博物馆	上海	中国第一家国家级航海博物馆
中国甲午战争博物馆（院）	威海	以北洋海军和甲午战争为主题的纪念遗址性博物馆，具有国内首个"黄海海战"3D影视厅
中国港口博物馆	宁波	中国规模最大、等级最高的大型港口专题博物馆，是挖掘港口历史、传承港口文化、传播海洋文明的重要基地和新世纪海上丝绸之路的重要文化支点
董浩云航运博物馆	上海	上海市科普教育基地，内有中国古代航运史馆和董浩云生平陈列馆

 舟舟荐书

　　读者朋友们，上海交通大学船舶海洋与建筑工程学院吉祥物舟舟为大家推荐几本船舶与海洋领域相关的图书，希望大家能从发展历史、人物传记、大型船舶装备科普等不同视角了解发生在海洋里的故事。

《帆船史》

著　者｜　杨　槱
出版社｜　上海交通大学出版社

《轮船史》

著　者｜　杨　槱
出版社｜　上海交通大学出版社

《于无声处：黄旭华传》

著　者｜　王艳明　肖　元
出版社｜　上海交通大学出版社

《中国航海史话》

主　编｜　陈宇里　谢　茜
出版社｜　上海交通大学出版社

《国之重器——舰船科普丛书》

主　编｜　中国船舶及海洋工程设计研究院
　　　　　上海市船舶与海洋工程学会
　　　　　上海交通大学
出版社｜　上海科学技术出版社

《雪龙探极：新中国极地事业发展史》

编　著｜　黄庆桥
出版社｜　上海交通大学出版社

相关主题节日

世界海事日

"世界海事日"最早出现于 1978 年，由于当年 3 月 17 日正值《国际海事组织公约》生效 20 周年，1977 年 11 月的国际海事组织第十届大会通过决议，决定今后每年 3 月 17 日为世界海事日，因此，1978 年 3 月 17 日成为第一个世界海事日。1979 年 11 月，国际海事组织第十一届大会对此决议做出修改，决定具体日期由各国政府自行确立，考虑到 9 月的气候较适宜海事活动，因此国际海事组织建议将世界海事日设立于9 月最后一周的某一天。这一节日旨在提高人们对海事部门的重要性的认识，包括航运、港口和导航在连接国家、促进全球贸易和确保可持续利用海洋资源方面的作用。

在中国，人们通过各种活动，包括海事展览、研讨会和文化表演，来热情纪念我国丰富的海事遗产。中国的港口，如上海和广州，会举办开放日，允许公众探索这些重要交通枢纽的内部运作；还会组织教育计划和研讨会，以在学生和公众中推广海事意识。

中国航海日

7 月 11 日

中国是世界航海文明的发祥地之一。郑和是世界航海先驱，其下西洋比哥伦布发现美洲新大陆早 87 年，比达伽玛绕过好望角早 98 年，比麦哲伦到达菲律宾早 116 年。郑和航海所蕴含的民族精神已超越国界，成为世界文化遗产。7 月 11 日是郑和下西洋首航的日期，这一天对中国航海事业具有重要的历史纪念意义，故我国将每年的 7 月 11 日定为法定"航海日"。这是对中国历史悠久的航海文化及民族精神的传承与发扬。航海日当天，各地会举办多种庆祝活动，相关船舶都要统一鸣笛 1 分钟。

中国"航海日"是由政府主导、全民参与的全国性的法定活动日，既是所有涉及航海、海洋、渔业、船舶工业、航海科研教育等有关行业及其从业人员和海军官兵的共同节日，也是宣传普及航海及海洋知识，增强海防意识，促进社会和谐团结的全民族文化活动。

世界海洋日

6 月 8 日

早在 1992 年，加拿大就已经在里约热内卢联合国环境与发展会议上发出设立世界海洋日这一提议，每年都有一些国家在 6 月 8 日举办与保护海洋环境有关的非官方纪念活动。2008 年 12 月 5 日，第 63 届联合国大会通过第 111 号决议，决定自 2009 年起，每年的 6 月 8 日为"世界海洋日"。联合国前秘书长潘基文就此发表致辞时指出，人类活动正在使海洋世界付出可怕的代价，个人和团体都有义务保护海洋环境，认真管理海洋资源。2009 年，联合国将首个世界海洋日的主题确定为"我们的海洋，我们的责任"。

专业先导课程项目

全国青少年高校科学营

全国青少年高校科学营是由中国科学技术协会和教育部共同主办，国务院国有资产监督管理委员会、国务院港澳事务办公室、中国科学院、中国国家铁路集团大力支持的一项青少年科普活动。该活动以"科技梦·青春梦·中国梦"为主题，每年暑期组织万余名海峡两岸暨港澳地区对科学有浓厚兴趣的优秀高中生走进重点高校、科研院所、企业，参加为期一周的科技与文化交流活动。

全国青少年高校科学营特别推出了全国中学生同上一堂暑期科学课活动，邀请中国科学院院士、中国工程院院士等行业专家讲述科研故事、展望未来科技，激发青少年的好奇心、想象力和探索欲，以"科技梦"激扬"青春梦"，共筑"中国梦"。

"登峰计划"

"登峰计划"是中国教育发展战略学会教育大数据专业委员会、中国高等教育学会招生考试研究分会、中国智慧工程研究会创新专业委员会发起的"大中衔接拔尖创新人才培养计划"项目。"登峰平台"是登峰计划的官方指定平台，为各高校提供了发布开放活动与高中共建实验室的平台。"登峰平台"依托大学实验室优越的学术资源，开展高质量的实验室线上、线下开放活动，让全国中学生认知大学专业，走进学术科研，提升创新能力。累计参与活动的专家教授、讲师、助教等有百余人，其中不乏享受国务院政府特殊津贴专家、国家重点研发计划项目首席科学家、院长、教授等专业领域的佼佼者。该项目具有规范的活动参与流程，活动结束后各大学实验室将结合学生的活动表现情况及作业实践完成情况，为学生颁发由主办方和高校提供的结营证书，活动表现数据一并纳入"登峰计划创新人才成长数据库"，数据库将详细记录学生专业初探阶段情况和成长过程，为选拔高素质人才提供客观基础数据。

在船舶与海洋工程专业项目中，上海交通大学船舶海洋与建筑工程学院联合登峰平台举办了"船舶与海洋工程线上研学营：先进海洋装备"活动。该活动依托上海交通大学海洋工程国家重点实验室，多位深耕船海学科科研、攻关一线的教师为学生们带来了"走进实验室""海底矿产资源开发""海洋可再

上海交通大学海洋工程国家重点实验室举办"登峰计划"线上研学营课程

生能源开发利用""未来海洋无人装备"等专家讲座以及"'海底沉船探秘'方案设计"和"大型海洋石油平台虚拟仿真实验"课堂项目。

中国青少年舰船夏令营

中国青少年舰船夏令营由中国造船工程学会主办，每年由全国各省市造船工程学会及有关行业单位选派青少年营员参与活动。活动在增强青少年国防意识和海洋意识方面做出了大量有益的探索，深化了青少年热爱祖国、热爱科学、热爱海洋、热爱舰船的情怀，普及了舰船知识和航海知识，培养了青少年的勇敢和创新精神，为海军、造船、航海和海洋开发培养后备人才。活动主题为"了解舰船、认识航海、探索海洋"，主要

中国青少年舰船夏令营活动照片

活动包括参观造船厂、研究院所、大学，游览当地名胜古迹，参加由全国海洋航行器设计制作大赛组委会举办的全国青少年舰船模型竞速邀请赛等。

上海交通大学"学森挑战计划"

上海交通大学"学森挑战计划"是以杰出校友钱学森之名命名、面向优秀高中学子设立的大中学衔接一体化创新人才培养项目。为彰显"钱学森精神"，聚焦国家重大战略领域，尤其是卡脖子领域的前沿动态，引领优秀高中生全方位认知学科特点、专业前沿，引导学术志趣，激发创新内驱力。自

上海交通大学"学森挑战计划"

2021 年起，上海交通大学为优秀高中学生量身定制"学森挑战计划"，经过两年在上海的试点，2023 年起面向全国开放报名。

"学森挑战计划"的课程体系涵盖导论课、学术沙龙、创新挑战营等。导论课与学术沙龙注重聚焦前沿、激发理想、创新潜质，以课堂讲授＋案例思考＋动手实践的模式，给予学员相互激发、启迪与挑战的平台与空间，让学生在学术志趣的激活中不断发掘自己的学术潜能，探究新的学术高度；创新挑战营注重学科交叉、产教结合、学创互促，让学生将所学理论融入实践，即学即用，培养学生的创新实践综合能力。

2.2　专业要求

船舶与海洋工程专业的学生应具备较扎实的数学物理基础知识，熟练运用计算机，能较熟练地运用外语进行口语交流、文献阅读和写作，具备一定的课外动手实践能力。

2.2.1　专业报考条件

对于高考非改革省份的考生，船舶与海洋工程专业按照理工科类别填报志愿。

在高考改革省份，取消文理分科后，实行"3＋3"和"3＋1＋2"两种模式。根据教育部印发的《普通高校本科招生专业选考科目要求指引（通用版）》，分别对两种模式进行了限定要求。

"3＋3"模式即 3 门必考科目＋3 门选考科目。前"3"为必考科目，即全国统考科目语文、数学、外语，所有学生必考；后"3"为选考科目，根据考生兴趣特长和拟报考学校及专业要求从思想政治、历史、地理、物理、化学、生物6门（浙江省为7门，另含技术）科目中选择3门作为高考选考科目。省级招生考试机构和高校根据考生的成绩和志愿进行投档录取。

"3＋1＋2"模式即3门必考科目＋1门首选科目＋2门再选科目。3门必考科目为全国统考科目语文、数学、外语；1门首选科目是要求考生在高中学业水平考试的物理、历史科目中选择1科；2门再选科目是要求考生在化学、生物、政治、地理等科目中选择2科。省级招生考试机构和高校按选考物理、选考历史两个类别分别公布招生计划，根据考生的成绩和志愿进行投档录取。

在船舶与海洋工程专业报考要求中，所有高校对选考科目中的物理有必要要求。在2023年及以前，两种模式中物理均为必选，自2024年起，多数高校将增加化学科目的必选要求，即物理、化学将是除语文、数学、外语三科之外的必选科目。作为以力学理论为基础的工科学科，中学阶段夯实的物理基础是修读船舶与海洋工程专业的必要条件。

2.2.2 常见报考误区解答

通过对部分省市、地区的高中开展专业认识情况的调研显示，部分家长、学生对船舶与海洋工程专业缺乏认识，在报考要求、就业方向、专业前景等方面存在疑虑。本书选取典型问题进行解答。

舟舟问答

问 近视可否报考船舶与海洋工程专业？该专业对视力有特殊要求吗？

答 可以报考。本专业对视力无特殊要求，与其他工科专业报考要求一致。

问 女生适合学这个专业吗？

答 性别并不影响船舶与海洋工程专业的报考与学习。很多家长潜意识里认为女生不适合学这个专业，事实上，有一大批优秀的女性科技工作者担任船海"大国重器"总设计师、总工程师，在船舶与海洋工程领域做出了突出贡献，彰显了巾帼力量。

问 毕业后是不是要去船厂工作？是否要经常出海？可是我不会游泳，还晕船……

答 本专业的报考对游泳技能没有要求。本专业毕业生可到船舶与海洋工程相关的政府部门、央企、大专院校、研究院所和外企等单位从事技术开发、设计制造、管理咨询、金融保险、法律仲裁等工作，船厂只是众多就业单位中的一类。出海是航海类专业的工作内容，而本专业毕业生主要从事的是设计和研发工作，两者有本质上的区别。因此，是否会游泳和晕船并不影响本专业的报考和学习。

问 船舶与海洋工程专业发展前景怎么样？是不是只能造船？

答 实际上，船舶与海洋工程专业是一门"宝藏"专业，作为支撑国家海洋强国战略人才培养的重要环节，具有强劲的发展势头。本专业毕业生就业单位包括科研院所、企业、政府相关部门、船级社、航运及贸易公司等，大多为国家重点行业企业，且多年来一直保持较高的就业率和用人单位认可度。船舶与海洋工程行业单位主要隶属于大型央企，是国民经济发展的中坚力量。船舶行业作为实体经济的重要组成部分，具有较高的稳定性，随着工程经验及工作年限的增长，从业人员具有更强的竞争力。

船舶与海洋工程在市场需求中具有广阔的发展前景，如制造邮轮游艇、海洋智能机器人等。船海行业正朝着绿色化、智能化发展，新的行业蓝海亟需更多有志青年发掘探索。

2.3 专业特点及培养图谱

我国高校本科专业培养通常分为两个阶段，大一学年主要进行公共课程修读，培养学生基础数理理论知识，大二学年开始逐步进入专业理论课程和实践操作课程的修读。

2.3.1　海洋工程类专业学什么？

1. 课程体系

船舶与海洋工程专业的课程由三大部分组成，包括通识类、学科基础类及专业知识类。

船舶与海洋工程专业课程架构

在学生刚入学阶段，课程侧重基础理论学习，强调从高中的基础学习向学科学习的过渡，同时兼顾学生的人文素养提升。该阶段主要为通识类课程和公共类数理课程。

通识类课程包括：①人文社会科学类，主要指国家规定的教学内容，包括外语、文化素质教育等人文社会科学课程；②训练与健康类，主要指体育课程；③数学和自然科学类，包括高等数学、大学物理、计算机基础等课程，为学生进一步学习工程相关的基础知识打下坚实基础。

在低年级阶段，学生开始逐步接触学科基础知识，如专业导论课、相关力学课程、编程课程，该阶段主要包含引导性质、工具性质的课程。

学科基础知识类课程涵盖专业类基础知识，包括与本专业相关的力学、电学、能源动力、信息技术、经济管理类课程。

在本科高年级阶段，学生开始真正学习学科专业知识，本着理论学习与动手实践深度融合的原则，在完成专业基础课程后，学生将逐步开展课程设计、专业实习、毕业设计（论文）环节。专业知识类课程覆盖相应的核心知识领域，并培养学生将所学的知识应用于复杂系统的能力。由于办学定位和人才培养目标的差异，不同高校船舶与海洋工程专业的课程方向也不尽相同。

1）船舶与海洋工程专业

以船舶工程为办学特色的学校，专业课程主要包括船舶快速性、船舶运动学、船舶设备、船舶设计原理、现代造船技术、船体强度与结构设计等。

以海洋工程为办学特色的学校，专业课程主要包括海洋工程环境、海洋工程波浪力学、海洋石油开发工艺与设备、海洋固定式平台、海洋浮式平台、海底管线等。

以船舶与海洋工程管理为办学特色的学校，专业课程与船舶与海洋工程专业课程类似，但在此基础上开设结合船舶与海洋工程特点的经济、管理类专业课程。

2）海洋工程与技术专业

以海洋工程为办学特色的学校，专业课程主要包括海洋工程环境、海洋工程波浪力学、海洋石油开发工艺与设备、海洋固定式平台、海洋浮式平台、海底管线等。

以海洋技术为办学特色的学校，专业课程主要包括电子电路基础、机械设计、水声学原理、微机原理与接口技术、海洋探测与调查、自动控制、海洋工程设计、海洋机电装备、信号与系统信号处理与通信等。

3）海洋资源开发技术专业

海洋资源开发技术专业应包括船舶工程或海洋工程的基本内容，在此基础上开设专业课特色课程。

4）海洋机器人专业

海洋机器人专业的基础及专业核心课程主要包括海洋机器人专业导论、船舶与海洋工程流体力学、电路与电子技术、自动控制原理、人工智能、海洋机器人操纵与控制、水下导航与定位技术、海洋机器人环境感知、海洋机器人设计、水下密封与腐蚀防护等。

5）智慧海洋技术专业

智慧海洋技术专业的专业核心课程主要包括力学材料与设计、电子技术与创新、智能算法与应用、海洋工程技术原理、海洋声学与光学基础、海洋信息大数据技术、海洋机器人设计原理、控制理论与工程基础等。

2. 知识结构与能力

经过本科阶段学习，学生完成理论学习与实践操作的全部专业培养环节，可以形成完整的工程知识体系，具备工程问题分析的能力，能够设计和开发解决方案，具有科学分析的研究水平，能够熟练使用现代工具，应对工程与社会需求，遵循环保和可持续发展理念，践行职业规范，开展团队合作，能够沟通协调，具备项目管理和终身学习的能力。

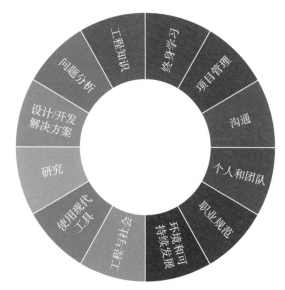

专业能力图谱

1. 工程知识

能够将数学、自然科学、工程基础和专业知识用于解决船舶与海洋工程领域复杂工程问题。

2. 问题分析

能够应用数学、自然科学和工程科学的基本原理识别、表达，并通过文献研究分析船舶与海洋工程领域的复杂工程问题，以获得有效结论。

3. 设计/开发解决方案

能够设计针对船舶与海洋工程领域复杂工程问题的解决方案，设计满足特定需求的系统、单元（部件）或工艺流程，并能够在设计环节中体现创新意识，考虑社会、健康、安全、法律、文化以及环境等因素。

4. 研究

能够基于科学原理并采用科学方法对船舶与海洋工程领域的复杂工程问题进行研究，包括设计实验、分析与解释数据，并通过信息综合得到合理有效的结论。

5. 使用现代工具

能够针对船舶与海洋工程领域的复杂工程问题，选择、使用乃至开发恰当的技术、资源、现代工程工具和信息技术工具，包括对复杂工程问题的预测与模拟，并能够理解其局限性。

6. 工程与社会

能够基于工程相关背景知识进行合理分析，评价船舶与海洋工程专业工程实践和复杂工程问题解决方案对社会、健康、安全、法律以及文化的影响，并理解应承担的责任。

7. 环境和可持续发展

能够理解和评价针对船舶与海洋工程领域复杂工程问题的专业工程实践对环境、社会可持续发展的影响。

8. 职业规范

具有人文社会科学素养、社会责任感，能够在工程实践中理解并遵守工程职业道德和规范，履行责任。

9. 个人和团队

能够在多学科背景下的团队中承担个体、团队成员以及负责人的角色。

10. 沟通

能够针对船舶与海洋工程领域的复杂工程问题与业界同行

及社会公众进行有效沟通和交流，包括撰写报告和设计文稿、陈述发言、清晰表达或回应指令。并具备一定的国际视野，能够在跨文化背景下进行沟通和交流。

11. 项目管理

理解并掌握工程管理原理与经济决策方法，并能在多学科环境中应用。

12. 终身学习

具有自主学习和终身学习的意识，有不断学习和适应发展的能力。

2.3.2　专业课程介绍

专业人才培养方案紧密贴合行业发展，答行业之所问，应行业之所需，解行业之所急。本书以上海交通大学船舶与海洋工程专业为例进行简要介绍。该课程体系面向未来科技与行业发展趋势，强基础重交叉，以面向行业发展的"总师型"卓越人才为培养目标，旨在培养具有社会责任感、创新精神、实践能力和全球视野，能在船舶与海洋工程相关领域从事科学研究、产品开发、工程管理和技术服务的卓越创新人才。

培养计划在夯实数理化和通识类课程基础上，加强了船海与力学、电学、信息、材料和环境等学科的交叉融合，构建了"设计制造、流体性能、结构安全、绿色动力、智能控制"五大专业课程模块，形成了"以设计制造为主干、流体性能和结构安全为支撑，绿色动力和智能控制为两翼"的课程体系。

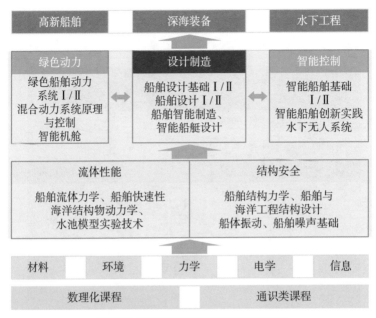

上海交通大学船舶与海洋工程专业课程体系

基础课程包含高等数学、大学物理、大学化学、线性代数、概率统计、数理方法、Python 语言程序设计、理论力学、材料力学、计算机科学导论、电工学等课程，强化学生数理基础和工程基础。

专业课程主要分为五大模块，包括流体性能、设计制造、绿色动力、智能控制、结构安全。课程有船舶与海洋工程导论、工程经济学、船舶流体力学、船舶设计基础、绿色船舶动力系统、船舶结构力学、海洋结构物动力学、船舶设计、船舶与海洋工程结构设计、智能船舶创新实践、船舶智能制造、行业实践、智能船舶基础等必修课，以及船体振动、船舶主机、有限元分析、计算流体力学基础、混合动力系统原理与控制、

毕业设计（论文）

第八学期

海洋工程载荷与水动力性能　船舶噪声与基础　智能船舶设计　船舶动力装置故障诊断及可靠性　智能机舱　现代结构实验技术　船舶设计-Ⅱ　船舶与海洋工程结构设计

第七学期

选修模块

计算流体力学基础　有限元分析　水下无人系统　混合动力系统原理与控制　实验选修　水池模型实验技术　船舶智能制造　船舶设计-Ⅰ　海洋结构物动力学　智能船舶创新实践　绿色船舶动力系统-Ⅱ　行业实践

第六学期

船舶流体力学-Ⅱ　船体振动　船舶主机　船舶设计Ⅱ基础Ⅱ　船舶快速性　船舶结构力学　智能船舶基础-Ⅱ　绿色船舶动力系统-Ⅰ

第五学期

材料力学　大学物理(3)　工程力学实验　电工学实验　船舶设计基础Ⅰ　船舶流体力学-Ⅰ　智能船舶基础-Ⅰ

第四学期

基础课程　流体性能　设计制造　绿色动力　智能控制　结构安全　实习毕设

计算机科学导论数据结构　计算机科学导论数据结构　大学物理(2)　大学物理实验(2)　数理方法　电工学　理论力学　工程经济学

第三学期

概率统计　数学分析Ⅱ/高等数学Ⅱ　大学物理(1)　大学物理实验(1)　Python语言程序设计　船舶与海洋工程导论

第二学期

大学化学　线性代数　数学分析Ⅰ/高等数学Ⅰ　大学化学实验

第一学期

专业课程拓扑图

水下无人系统、智能机舱、海洋工程环境载荷与水动力性能、智能船艇设计、船舶噪声基础、船舶动力装置故障诊断及可靠性、水池模型实验技术、现代结构实验技术等选修课。

课程面向船海装备"智能化"和"绿色化"的发展趋势，立足船舶与海洋工程性能分析、船舶绿色技术和智能技术相关领域，讲授信息感知、大数据分析、智能控制等人工智能领域知识，以及节能减阻技术、排放控制及法规要求等绿色环保相关专业知识，达到船舶与海洋工程的主干课程与以人工智能为代表的信息学科和节能减排、新材料等新兴学科的互相渗透、交叉融合，培养具备多学科知识面，引领未来行业发展的宽口径复合型拔尖人才。

我国以上海交通大学为代表的船舶与海洋工程专业办学历

上海交通大学《船舶与海洋工程导论》课程

行业专家进课堂讲授《船舶智能制造》

学生在专业实践环节制作船模

史悠久，培养方案兼顾船舶工程、海洋工程，课程体系设置既体现了船舶与海洋工程的共性特点，又突出了特色差异。

以美国密歇根大学为代表的国外高校课程体系与我国较为相似（见表 2-4），其主要特点是课程门数不多，但综合程度较高，且每门课程学分较多。

表 2-4　中外高校船舶与海洋工程专业部分核心课程对比

上海交通大学	密歇根大学
船舶与海洋工程导论	船舶设计
工程经济学	船舶制造
船舶流体力学	船舶结构
船舶设计基础（Ⅰ、Ⅱ）	船舶流体力学
绿色船舶动力系统（Ⅰ、Ⅱ）	轮机工程
船舶结构力学	船舶电气工程
船舶快速性	船舶动力学
海洋结构物动力学	船舶设计基础
船舶智能制造	船舶项目设计
船舶设计（Ⅰ、Ⅱ）	轮机工程实验
船舶与海洋工程结构设计	海洋环境动力学
智能船舶基础（Ⅰ、Ⅱ）	游艇设计
智能船舶创新实践	帆船设计原理
水池模型实验技术	板壳理论
现代结构实验技术	近岸环境动力学

2.3.3　专业能力发展与升学深造

进入大学后，学校会组织丰富的学科先导课程和专业认知活动，如工科平台开放日、行业专家讲座、实验室参观、体验式航海实习、行业实践等，帮助学生了解专业、走进专业、领悟专业。

在专业学习阶段，学科竞赛和大学生创业创新实践等项目经验有效地延伸了培养链条，丰富了学生在未来职业环境中的项目实操能力，培养了学生系统性思维和综合运用跨领域知识解决复杂工程问题的能力。通过"课赛融合、以赛促学、以赛促研"的模式，将专业知识由被动接受转变为主动获取，锤炼了卓越人才所必备的系统性思维和持续自主学习的能力。

1. 学科竞赛及科研创新实践项目

1）全国海洋航行器设计与制作大赛

全国海洋航行器设计与制作大赛是由工业和信息化部、中国科学技术协会等领导部门指导，中国船舶集团有限公司、中国造船工程学会及各高校等共同组织，面向全国全日制非成人教育的各类高等学校、科研院所在校生的综合性竞赛项目。经过多年发展，全国海洋航行器设计与制作大赛已经成为我国船舶与海洋工程领域层次最高、规模最大、覆盖面最广的学科竞赛。现实中的海洋航行器所遭遇的技术难题几乎都会在这一赛事上成为参赛选手们期待攻克的难题。

竞赛以"崇尚科学、实践求知、锐意创新、面向海洋、服务国防"为宗旨，将作品分为新概念创意与难题求解、设计与制作、智慧船舶与海洋工程技术、名船名舰模型仿真制作、船模竞速、帆船模型竞速、海洋知识竞赛七大类型。

全国海洋航行器设计与制作大赛参赛项目

2) 世界大学生水下机器人大赛

世界大学生水下机器人大赛由中国造船工程学会主办，比赛共设自主水下航行器赛道、遥控水下航行器赛道、创意概念赛道三个赛道，自主水下航行器及遥控水下航行器赛道为实物技术比赛，创意概念赛道为创意设计比赛。比赛以激励创新型人才培养、促进国际大学生交流为宗旨，打造中外青年学子水下智能机器人交流互动的平台，激发世界青年学生的创新热情。目前，比赛已成功举办两届，吸引了全球高校及科研院所的学生参与。比赛的开展有效地推动了水下智能机器人技术的持续创新，加速了水下智能装备技术与其他学科的交叉融合，促进了各国间水下智能机器人技术的合作交流。

世界大学生水下机器人大赛参赛项目

3)"海上争锋"中国智能船艇挑战赛

"海上争锋"中国智能船艇挑战赛由中国造船工程学会、上海交通大学等单位联合举办，是我国在实际海域海况条件下举办的首个无人智能船艇竞赛。竞赛科目分为海上争锋、穿越险阻、自主绕标，旨在考核在沿海实际环境条件下，参赛团队

"海上争锋"中国智能船艇挑战赛比赛现场

使用具备自主智能决策能力的竞赛船艇，完成既定航行任务的水平。与此同时，还举办新型智能船艇功能展示竞赛，考察参赛单位在智能船艇的设计理念、功能实现、场景应用和结构材料等方面的最新研究及开发成果。该赛事推动了人工智能、绿色船舶等领域新技术的发展与转化应用，充分发挥"比赛＋科技＋文化"的叠加效应，以提高海洋科技创新能力，助力国家创新型城市建设。

2.3.4　青年学子学习感悟

 舟舟采访

① 2019 级本科生李同学

曾获第十八届"挑战杯"上海市大学生课外学术科技作品竞赛特等奖、第十二届全国海洋航行器设计与制作大赛特等奖、第八届中国国际"互联网＋"大学生创新创业大赛全国金奖

"船舶与海洋工程结构设计"课程让我印象最深刻的是需要在课程建设团队自研的网站上完成一条船舶完整的结构尺度设计和强度校核。完全独立自主的船体设计过程需要将多门课程的知识融汇贯通，让我感受到了结构设计的魅力。因此在大四学年，我参加了挑战杯竞赛，以结构优化作为核心创新点，开始了在深海采矿装备设计优化方向的科研初探。半年多来，我参与了多次实验验证，阅读了大量文献，渐渐发现深海采矿

在理论研究、实验手段、成果应用等方面还有很多问题亟待解决。因此，我选择攻读上海交大致远荣誉博士计划，希望继续在深海采矿方向深耕，为缓解我国矿产资源供需矛盾贡献力量。

学生参与科创竞赛项目

❷ 2020 级本科生袁同学

曾获第十八届"挑战杯"上海市大学生课外学术科技作品竞赛特等奖

"船舶结构力学"是研究外载荷对舰船结构作用的效应和舰船结构承载能力的课程，在旧的课程设计中是一门偏向于知识点讲解的基础专业课程，但是在实际上课的过程中，任课老师采用了新颖的基于团队学习的授课模式。我们以小组为单位对课程内容进行讨论，极大地丰富了课程的参与度。同时，我们在小组合作的过程中对于知识点进行了消化整理，及时向老师提问，更有利于知识点的掌握。此外，老师进行了巧妙的课程设计,在一个学期的学习中,我们都围绕一条船舶进行受力与结构强度的校核。在动手实践的过程中,我们对于船舶的整体强度以及局部强度都有了更加深刻的认识。

❸ 2019 级本科生师同学

曾获第十、十一届全国海洋航行器设计与制作大赛特等奖,船模队队长

初次接触船舶智能化是在大二下学期加入船模队的时候,船模队丰富的设备资源和学习环境极大地提升了我们的动手实践能力。在指导老师和高年级学长的带领下,我们进行了船模自主航行测试、图像标注和识别等内容。经过在船模队中的学习,我决定报名参加全国海洋航行器设计与制作大赛。我们提交了"深蓝卫士"项目作为水面组参赛作品。在该项目中,我们搭建了智能船模集群的云端通信系统,学习了相机标定技术,创新性地基于多艇视觉识别及其自身方位定位目标,实现

学生参与科创竞赛项目

了岸艇联合围捕打击。经过数月来夜以继日的调试，我们成功在致远湖进行了项目展示，荣获本届航行器大赛的特等奖。船模队的实践经历打开了我在船舶智能化方面的大门，极大地拓展了我的学术视野，对我研究生阶段的学习具有很强的启发作用。

④ 2019 级本科生靳同学

曾获第十、十一届全国海洋航行器设计与制作大赛特等奖，船模队队员

"船舶与海洋工程自主创新实验"课程给我留下了很深的印象。我选择的是无人帆船方向，课程需要我们以小组的形式为一个无人帆船设计控制系统。课程的前几节讲授了帆船的理论知识，后几节以仿真实验和实船实验为主，通过实验，我们不断完善设计的控制系统，最后达到了测试目标。这门课程不仅提升了我们的编程能力，使我们对船舶的运动有了直观的认识，同时可以将课本上学到的理论知识与项目实践有机结合，使我收获颇丰。

⑤ 2018 级本科生彭同学

曾获第十七届"挑战杯"上海市大学生课外科技作品竞赛一等奖、第十届全国海洋航行器设计制作大赛特等奖、第七届中国国际"互联网＋"大学生创新创业大赛上海赛区金奖、第十七届"挑战杯"全国大学生黑科技专项赛恒星级作品一等奖，船模队队员

"海洋结构物动力学"是我印象非常深刻的一门专业课，

课程在船舶原理的基础上对"船舶是如何在波浪中运动"这一核心问题进行了细致深入的讨论。课堂上，老师带领我们从基本的刚体动力学理论出发，结合海洋结构物的几何受力特征，一步步推导出结构物的运动方程，并引入海洋环境相关的统计学理论，将实际中不规则波浪下船体运动的描述方法自然地表达出来。过程中，老师旁征博引，既有方法发展的脉络梳理，也有前沿研究的启发猜想，让我们意识到了水动力学的博奥精深之处。在全国海洋航行器设计大赛中，我们针对复杂海况下无人机在无人船上的起降问题展开研究，其间需要对无人船在波浪上的运动进行短期预测，寻找起降时机，"海洋结构物动力学"打下的基础让我们能查阅资料及时解决这个问题。在选择博士研究方向时，我也毫不犹豫地选择了水动力学方向，希望能够对"船舶如何在波浪中运动"这一问题有一些更深入的思考。

⑥ 2020 级本科生郭同学

曾获第十一、十二届全国海洋航行器设计与制作大赛特等奖，船模队队员

"海洋结构物动力学"给我留下了深刻印象，课程主要讲述船舶在波浪中的受力与响应。课堂上，老师的教学方式深深地吸引了我。他不仅讲授专业知识，还非常注重为我们讲解何谓"科学"与"工程"，引导我们使用"科学"和"工程"的视角解析问题，教导我们运用"科学"和"工程"的研究方法来思考问题。如果说我此前学习的专业知识是"砖头"的话，通过这节课学到的科学研究方法就是教我用"砖头"垒房子的

方法。我逐渐明确了所学的知识在科学研究中的不同定位，有些是对物理现象的数学描述，有些是对数学问题的求解，有些是对理论方法的验证……通过这门课程，我也认识到此前参加学科竞赛项目的成功原因与不足之处。于是，在第十二届全国海洋航行器设计与制作大赛中，我修正了研究方法，开始用"科学"的视角看待问题，制作出"海上哨兵——基于动态组网的无人船巡逻集群"项目。根据此前在各种课程上学到的知识，我们提出并解决了海洋多航行器组网问题，这是我第一次完整实践"科学研究"的过程，为我从学生科创向真正的高精尖研究转变做了铺垫和积累。

❼ 2020 级本科生徐同学

曾获杨槱造船奖学金、中国船级社奖学金、第十二届全国海洋航行器设计与制作大赛二等奖、美国大学生数学建模竞赛二等奖

专业导论课能有这般灵动是我不曾想象的。"船舶与海洋工程导论"这门课不仅是专业知识的发散与拓展，也是实践操作与成果转化的深化，更包含了理工科专业匮乏的人文情怀。能在课上体验多维度交叉学科的学习过程是意义非凡的，如设计北极航线或海底工作方式的课堂内容，老师鼓励我们给出各种天马行空的想法。具有实际操作意义的，老师们会以专业的视角指出实现工程的原理；即便有些想法不切实际，老师也会从专业知识体系出发，指出它的工程可行性与价值，尊重我们的每一个灵感。我认为这是能激发探索思维的专业课程之一。

学生在"船舶与海洋工程导论"课堂中

⑧ 2020 级本科生宋同学

曾获海洋航行器设计与制作大赛全国二等奖

我对"智能船舶创新实践"课程印象最深的是关于船舶路径规划的基于采样的运动规划算法（RRT）内容。课堂上老师讲授的 RRT 算法原理深深地吸引了我，我在课后利用该算法完成了模拟器中无人艇的规划运动。课程还安排了动手操作的环节，我们在致远湖上进行了实测操控实践，测试了实船的路径规划和控制跟踪。后来，在全国海洋航行器设计大赛中，我们基于该课程做了无人艇自动靠泊项目，根据课上学习的无人艇控制和运动规划知识，我们顺利完成了比赛并取得了二等奖。

⑨ 2021 级本科生高同学

"船体振动"课程给我留下最深印象的是课程大作业里关

于软件建模的内容，课堂上老师讲授的 Patran 软件建模很吸引我。课程采用基于团队学习的授课模式和慕课课堂检测模式，不同于传统课程教与学的单一模式，而是让学生深度参与课程讨论。在课程大作业中，我们小组围绕如何改善甲板振动固有频率的问题展开了讨论。课程安排了动手操作的环节，我们在课上不仅进行了实测操控实践，还学习了建模软件的具体操作。这门课让我掌握了如何利用软件进行工程中的有限元分析，对于后续计算有限元分析课程的学习和未来工作有很大帮助。

⑩ 2020 级本科生张同学

曾获美国大学生数学建模竞赛 F 奖、校内奖学金 2 项

"计算流体力学基础"是一门综合性很强的课程。课程中，最吸引我的是关于纳维-斯托克斯方程的离散化推导，极大地考验了我们的数学素养与流体理论基础，也因此展现了我们专业的学生对于学习此类交叉学科的优势。在课上，我们跟着老师推导公式，编写程序；在课后，我们运用代码能力，实际编写了简易的流体力学求解器。我也因此跟着老师参与了计算流体力学相关的本科生研究计划（PRP）实践项目，运用所学的计算流体动力学知识完成了相关程序编写，最终的成果成功申请了软件著作权。我想这门课为将来我从事计算流体动力学相关领域的研究打下了坚实的基础。

第 3 章

职业生涯发展

3.1 就业要求

船舶与海洋工程学科主要培养能够从事该领域设计、建造、检验和管理等方面工作的高级专业人才。毕业生不仅需要具有夯实的自然科学和工程技术基础，还要经过工程实践和研究能力训练，掌握船舶与海洋工程学科的基础知识，具有较高的外语和计算机应用能力。

3.1.1 就业前景

中国海岸线绵延曲折，拥有 3.2 万多千米海岸线和约 473 万平方千米海域总面积。中国也是世界上岛屿最多的国家之一，拥有丰富的海洋资源。中国近八十多年近代船舶工业的发展推动了相关学科的壮大，无论是海洋交通运输、海洋渔业、滨海旅游业，还是海洋油气开发、海洋工程建筑等，都与船舶与海洋工程学科有着紧密联系。船舶工业也被誉为"综合工业之冠"，具有零部件多、供应链长、产业关联度高的特点，涉及钢铁、化工、机械、电子等近百个相关行业，对国民经济发展具有强大的带动作用。由于造船与海洋工程工业是一项周期长、资金密集、科技密集型产业，也催生了对大量高素质专业技术人才的需求，目前的人才保有量远达不到市场需求，满足不了企业的需要，这也是海洋工程类专业近年来一直成为就业前景广阔的"抢手"专业原因所在。

船舶与海洋工程学科毕业生的就业对接我国建设海洋强国的需求，始终保持"就业率高、就业质量高、就业形势稳"的总体态势。近年来，学科研究生平均就业率保持在 98% 以上，毕业生多数选择在船舶与海洋工程领域及相关配套行业的国有企事业单位、科研院所、高等学校，以及海关、海事局等政府部门就业。主要从事海洋工程结构设计、舰船总体、舰船结构、材料工程、科技管理等方面的工作，成了企事业单位中的技术骨干力量。从对用人单位进行问卷调查反馈的信息来看，用人单位对本学科毕业生的整体满意率达 90% 以上。从对毕业生发展质量的调查结果表明，多数毕业生对当前工作比较满意，工作幸福感较高。

总体上看，船舶与海洋工程学科的人才培养极大地支撑了我国海洋强国建设和我国海洋装备由制造大国向制造强国的转变。当前国际环境使学科发展面临着新的挑战和机遇，学科将针对系列"卡脖子"关键技术，瞄准或者聚焦学科前沿问题，汇聚国内船舶与海洋工程学科优势力量，为实现国家海洋强国战略目标培养一批青年科研创新的尖端人才。

3.1.2 学生就业

以研究型高校（以上海交通大学为代表）船舶与海洋工程专业毕业生就业去向为例，近五年，船舶与海洋工程专业毕业生就业率为 100%，其中，国家重要行业及关键领域就业率为78%。本专业所培养的学生毕业后可在船舶与海洋工程相关的政府部门、大型央企、外企、高等院校及研究院所等单位从事技术开发、管理咨询、贸易金融、保险、法律仲裁等相关工作，在豪华邮轮、载人深潜器、航空母舰等国家重点工程项目中都能看到本专业毕业生的身影。

目前，船舶与海洋工程专业人才量远远满足不了市场需求，每年毕业生在企业用人市场中供不应求。中国船舶集团有限公司、中国远洋海运集团有限公司、中国海洋石油集团有限公司等大型央企具有较大的人才需求量，甚至存在"企业到高校抢人才"的现象，有些船舶企业提前去学校预定优秀学生，

企业到高校"抢"人才

也有船舶与海洋工程专业学生在毕业前一年就已经与企业签订了就业协议。

随着行业的快速发展和对人才的渴求，毕业生薪酬呈上升趋势，有经验的从业人员薪酬非常具有竞争力，且有大量从事技术及管理工作的机会，一大批本专业优秀毕业生已发展成为技术骨干或企业中高层管理人员。近年来，随着人才培养模式的改革，学生在智能化和绿色化方面的知识结构和实践能力得到较大的提升，扩展了工作的选择面。

3.2 兴船报国，大有可为

国家政策的支持、广阔的市场需求、国内优越的地理区位优势、专业人才供不应求的现状等多方面因素，描绘了海洋工程类专业的从业发展前景。可以说，兴船报国，大有可为！

3.2.1 国家政策支持

船舶工业是水上交通、海洋资源开发及国防建设提供技术装备的现代综合性和战略性产业，是国家发展高端装备制造业的重要组成部分，也是国家实施海洋强国战略的基础和重要支撑。自"七五"计划至"十四五"规划，国家对船舶制造行业的支持政策经历了"发展船舶制造业""发展民用船舶""发展大型船舶""发展高技术高附加值船舶"和"绿色化、智能化"几个阶段。近年来，国务院、工业和信息化部、交通运输部等多部门都陆续印发了支持、引导、规范船舶制造行业发展的政策。建设海洋强国，是中国特色社会主义事业的重要组成部

分。党的二十大报告中强调"发展海洋经济，保护海洋生态环
境，加快建设海洋强国"，将海洋强国建设作为推动中国式现
代化的有机组成和重要任务。

3.2.2 市场需求旺盛

要了解船舶工业的运行情况，造船三大指标是全球通行的
参考值：一看造船完工量，二看新接订单量，三看手持订单
量。目前，我国造船业的三大指标在国际市场份额中均居全球
第一。这三大指标意味着中国的造船能力、生产的安全边界和
市场能力均具有出色表现。在国际市场上，中国造船企业的实
力和国际影响力显著增强。

此外，在国家基础设施建设层面，如航道疏浚、填海造地
和港口码头建设等，对船舶及海洋工程装备具有极大需求。我
国的上海洋山深水港工程、长江口深水航道整治工程、曹妃甸

上海洋山深水港工程

首钢工程、环渤海湾经济带建设、粤港澳大湾区建设等工程都离不开大型绞吸疏浚挖泥船的建设支持。在"一带一路"倡议下，沙特吉赞人工岛疏浚项目、马来西亚关丹深水港项目、阿尔及利亚舍尔沙勒新港口项目等跨国工程项目也都对我国的大型船舶设备需求旺盛。

3.2.3　地理区位优势

中国东部面临海洋，海岸线绵长，海域辽阔，具有天然的港口航运资源优势。

上海是我国重要港口城市，近年来高度重视海洋资源的开发利用和海洋产业的培育建设。作为全国唯一一个集船舶海工研发、制造、验证试验和港机建造的城市，上海海洋装备产业链较为完整，在政策、制造业基础和科研资源三方面优势突出。上海海洋装备产业主要分布在临港片区和长兴岛两地，聚集了中船、中国远洋海运集团有限公司和上海振华重工（集团）股份有限公司等大型龙头企业，研发并孵化了一批具有国际竞争力的高端船舶海工装备，成为上海市建设全球海洋中心城市的核心动能。2021 年，全球最大的造船集团——中船总部由内陆城市北京搬迁至临海城市上海，实现了国有经济的产业布局优化，推动了上海科创中心建设，进一步提升了上海国际航运中心的全球资源配置能力。

3.2.4　人才需求迫切

随着中国经济的腾飞和"一带一路"倡议的深入推进，海洋产业已成为国家战略的重要支撑。海洋工程类专业也因此受到高度重视，成为高校开设的热门专业之一。在国际舞台上，船舶与海洋工程技术日益创新，成为推动全球经济交流的重要力量。国际间的合作与竞争促进了海洋工程类专业的发展，推动了海洋工程技术的全球进步。

海洋工程类专业在现代社会的重要性不言而喻。其一，航运业作为国际贸易的主要方式，是全球经济发展的支柱产业。船舶设计与制造的技术水平直接影响着海洋运输的效率和成本，进而影响着全球供应链的畅通与稳定。其二，海洋资源的开发利用对于能源和经济的可持续发展至关重要。海洋石油、天然气、风能等资源的开发，需要船舶与海洋工程类专业人才的参与，他们将为资源勘探、开采、运输等提供技术支持，推动能源产业的繁荣。其三，港口与海岸工程是连接海洋与陆地的纽带，直接关系到城市的发展和国际间的交流。海洋工程类专业人才在港口建设、海岸防护、海洋环境保护等方面发挥着不可替代的作用。

随着我国海洋事业的快速发展，海洋工程类专业毕业生的就业前景非常广阔。首先，海洋经济的蓬勃发展为海洋工程类专业人才提供了充分的就业机会。随着海洋资源的不断开发利用和海上交通运输的不断增长，对相关专业人才需求呈现稳步上升的趋势。其次，国家高度重视海洋工程技术的创新与发展，海洋工程类专业人才在国内相关企事业单位中得到广泛认可。从事船舶设计、港口规划、海洋资源勘探等领域的专业人才将成为宝贵的人力资源。最后，随着海洋工程技术的国际交流与合作不断加深，具备国际视野和跨文化交流能力的专业人才在国际舞台上也将拥有更多的发展机遇。

3.3 毕业生成长案例

一代代造船人学海泛舟，在校园里播撒梦想的种子。毕业后，他们逐梦踏浪，用实干的力量浇筑理想。他们用一件件生动的故事讲述着：兴船报国，大有可为！

学长说

胡可一：兴趣成就事业

【人物名片】

胡可一，1962 年出生，1982 年毕业于上海交通大学船舶工程系，研究员级高级工程师。中船首席专家、中国造船工程学会首批船舶设计大师之一、江南造船（集团）有限责任公司原总工程师。

胡可一精通各种船型的开发、设计、数字化造船、造船工艺工法和先进造船模式等相关业务，在造船和海事界有很高的名望。他主持开发设计了几十型船型，包括久负盛名的"中国江南巴拿马型"散货船、液化气船等高技术复杂船型，并作为主要成员参与国家重点科研开发和实施项目十多项，多次获得国家科技进步奖、中国船舶工业总公司科技进步奖、中国船舶工业集团公司科技进步奖。他享受国务院政府特殊津贴，曾获中国青年科技奖、国防科工委"511 人才工程"的技术带头人、首批"新世纪百千万人才国家级人选"、中国造船工程学会首届"船舶设计大师"称号。

孩提时的梦想驱使他投身造船

胡可一从小对各种交通工具表现出浓厚的兴趣，尤其是航空器和船舶，他经常到外滩，趴在外墙上看黄浦江上来来往往的船只。胡可一妈妈的一名学生是远洋船上的海员，给他讲了许多船舶知识和航行中的故事，于是他毅然将上海交通大学船舶工程专业作为高考第一志愿。基于兴趣的指引，胡可一在大学里读书劲头十足，每天复习功课到深夜，有时晚自习回寝室后继续点灯苦读。

进入大学刻苦读书夯实基础

在大学校园里，系里的老教授们教学严谨，身边的同学"比学赶帮超"的学习氛围浓厚，一批学界大儒都给胡可一上过课。当时教学条件艰苦，电脑和电子课件还没有普及，老师都用教案和制图笔记讲课，工整的课堂板书给胡可一留下了深刻的印象。

课堂上，船舶设计的基本原理和基本计算的知识老师们讲得严谨，胡可一学得也十分认真。以前的制图课程与现在的计算机制图有很大不同，过去的制图工具原始，需要拿压铁、样板、样条制图，计算机需要打孔穿纸带，也没有键盘和屏幕。船型不能用数学函数曲线拟合，只能将几个点的曲线人工连起来。计算机课上，老师用函数表达船型曲线，这种数字船型更加便于计算和换算。他不仅要知其然，还要知其所以然。对于基本原理，他从不过于依赖计算软件，而是扎实掌握每一个步骤后融会贯通。他认为,计算软件只是工具,不能简单地输入数据得出结果。一旦计算出了问题,就会暴露对结果定性分析能力的不足。

出于对造船专业的热爱,胡可一在学校里的专业课成绩优异,毕业设计也做得很出色,曾入选交大 1982 届优秀毕业设计。毕业后,他被分配到江南造船厂,成为一名船舶设计师。他在大学四年所学的专业理论和实践知识为日后在船厂的工作打下了坚实的基础。

带领团队技术攻关突破垄断

作为船舶工业界少有的未读过研究生的总工程师,胡可一认为拥有 150 多年历史、被称为"中国民族工业摇篮"的老江南造船厂就是他的"社会大学"。在船厂工作的四十余年,他带领团队创造了中国船舶工业史上多个"第一"。

胡可一毕业进厂时正值中国造船工业刚开始走向世界的时期,当时,中国在世界造船交易市场缺乏竞争力,大半市场份额被日本、韩国及欧洲国家占据。胡可一将造船指标和性能与国际接轨,基于当时世界上先进的造船技术开展研究。37 岁时,他成了年轻的总工程师,主持开发、设计了第二代至第七代"中国江南型"巴拿马货船。当时,国内在这个船型上还有很多技术空白,缺失船体结构设计、舾装件、企业内部标准等,从设计到建造完工,胡可一全程参与。该船型的如约交付也为中国造船整体水平的提升打下了坚实基础。

2000 年前后,中国的造船技术能力大幅度提升,但在生产效率和顶级船型上仍与世界顶尖水平存在差距。胡可一将目光瞄准当时只有日本、韩国可以建造的超大型全冷式液化气船。由于国际上的技术封锁限制，胡可一只能带领团队自主攻关。他表示，"如果我们没有这种建造能力，依赖别人，我们就会受制于人，我们国家提倡的高质量发展就会受到很大的影响。"他领衔设计了超大型全冷式液化气船，并持续优化，不断突破垄断，在技术指标和市场份额上雄踞世界第一。后来，他又设计研发了大型集装箱船等高技术绿色船型，为中国造船业进入世界第一方阵做出了巨大贡献，使中国造船业在高技术船型领域里实现了"从跟跑到领跑"的质的飞跃。

从求学到工作，胡可一将造船从兴趣做成了事业。从业四十余载，他亲自参与并见证了中国船舶工业的发展崛起。胡可一将儿时的热爱融入职业使命，用多年的坚守践行造船人与国同行的担当。

王佳颖：青春助力中国造船

【人物名片】

王佳颖，1983 年出生，从本科到博士均就读于上海交通大学船舶与海洋工程相关专业。任沪东中华开发研究所副所长，曾获上海市科学技术进步二等奖、上海市五四青年奖章、中船科技进步一等奖、中国海洋科学技术奖一等奖、中船优秀共产党员、中船科技创新突出贡献奖、辛一心船舶与海洋工程科技创新青年英才奖、中央企业青年岗位能手、中国造船工程学会科学技术奖一等奖等。

坚定志向投身造船业

从中学时代起，王佳颖就很喜欢数学和物理，一心希望能就读工科专业。进入上海交通大学后，他从本科一路读到博士，始终在船舶与海洋工程领域学习。研究生阶段，王佳颖参与了不少工程项目，对船舶行业有了一定的了解，他深知船厂是最靠近市场、对人才的需求最大的地方。毕业时，大部分同学去了外企或是科研院所，他却主动提出去船厂工作。当时国内船舶行业的创新氛围远不如现在，特别是船体高级计算分析基础技术被跨国公司掌握，产品深化设计和新技术提升等环节普遍依靠外协外包的形式，王佳颖和团队便在船厂开始了自主研发之路。

2013 年，王佳颖进入开发研究所，成为新开设的"基础技术室"负责人，开始带领团队专注于高端船舶自主结构设计和关键技术研发。在这个平台上，他得到了难得的机会，把多年所学从实验室带入生产一线，将基础理论转化为实实在在的产业实力。

百折不挠攻克难关

液化天然气运输船集现代工业与信息技术之大成，它所装载的是数万吨温度低至零下 160 摄氏度的易燃易爆化学品，一旦在恶劣海况下船舶结构出现些微破损，就有可能导致液化天然气泄漏，进而引发严重事故。

在沪东中华，王佳颖无论是作为基础技术室负责人，还是开发研究所领导，他一直带领着同事构建我国自主的船舶高级结构分析能力和体系。所谓高级结构分析，是指在造船前，结合结构、材料、货物、海况等，对蓝图上的船舶进行极其复杂的力学计算和模型仿真，不仅要确保船舶安全，还要尽可能减少设计建造的成本和周期，从而帮助客户和船企降本增效、提升竞争力。

在王佳颖团队的努力下，沪东中华从无到有地培育起了船舶高级结构分析体系和能力，不断缩小与领先者的差距，目前已达到国际一流水平。除了主体结构外，王佳颖团队还针对液化天然气温度低、易气化，以及液化天然气船特有的双艉双主机方案所导致的振动控制难题，进一步深化技术攻关，提出了自主技术方案。

过去 10 年间，沪东中华自主设计建造的液化天然气船型迅速完成从第二代到第五代的"四级跳"，目前已拥有完全自主知识产权。仅设计环节，沪东中华如今的用时就能较以往节省两个多月；第五代液化天然气运输船在设计要求不变的前提下，总重足足降低 8%，所用材料和建造成本都有显著节省，这些成绩为王佳颖赢得了"液化天然气船轻量化设计专家"的美誉，也帮助沪东中华不断打开了国际市场。

技术过硬实力赢得认可

万事开头难。第一次全面接手船体高级结构设计，势必经历种种困难。当时，公司正要建造一艘新型集装箱船，在等待一家欧洲公司拿出设计方案时，设计方与船级社产生分歧，导致方案迟迟无法确定，船厂无法开工。眼看建造周期越来越紧，整个船厂的建造进度被卡在一艘船、一个方案上，领导找到王佳颖，让他以最快速度介入方案设计、打通堵点。

王佳颖先用一两周时间消化了与该船型相关的资料、数据，随后一个人赶赴欧洲，与船级社进行面对面讨论，并直接到设计公司总部，与欧洲方面的团队一起工作，同时远程组织协调国内技术人员开展攻关。基于学术能力和经验，仅仅几周后，王佳颖就找到了突破口。他立即回国，将设计工作从欧洲公司全面转移到上海，由沪东中华团队担纲。最终，王佳颖和同事们拿出的设计方案得到了船级社的认可，而这个方案背后的结构分析，也成为沪东中华历史上最难的项目之一。

实际上，作为后来者的沪东中华在推进自主研发的过程中，需要开发研究团队持续拿出过硬的技术、充沛的实力，以打消对方对国内船企的疑虑。比如某海外船东曾对一款自主设计的船型给出"必须修改"的要求。对此，王佳颖从理论层面入手，通过深入分析，找到了外方论证的错误，据理力争，最终赢得了对方认可。

有了硬实力的支撑，我国 LNG 造船业也迎来突破。近年来，在全球液化天然气船市场上，沪东中华曾一举刷新我国船厂的年度接单纪录，全球份额大幅度提升，进入全球领先船企行列。

"十年前，黄浦江上大部分货船都是外国人造的；现在，我们有了自己的技术，能造自己的船，还能把船卖到国外去。"在王佳颖及其团队成员看来，每一次技术的突破都是中国船舶行业向前发展的探索。

封培元：踏实成就卓越

【人物名片】

封培元，1987 年出生，从本科到博士均就读于上海交通大学船舶与海洋工程相关专业，高级工程师，具有较扎实的理论功底和较好的科研创新能力。2014 年，封培元毕业后进入中船第七〇八所基础研究部工作，主要从事舰船稳性和耐波性方面的研究，现为七〇八所基础研究部流体技术研究科技骨干、黄浦区青联委员。他踏实勤奋、低调谦逊，把论文写在"舰船上"；他青春担当、从容不迫，在国际舞台上频频展露风采。

从基础平平到多次斩获国家奖学金，从科研小白到科创达人，从本科到博士，从船工学子成为行业新秀，封培元一路稳扎稳打，用坚持和毅力扬帆在船舶与海洋工程的航程中。

成绩不是目的，而是结果

刚步入大一时，由于对大学学习生活还不够适应，封培元的成绩并不理想，虽然一直保质保量地完成学习任务，但也只是获得了个三等奖学金。面对这样的局面，封培元并没有消极气馁，而是继续端正学习态度，认真听讲，巩固复习，最终在大二学年获得了他的第一份国家奖学金。封培元从不将成绩作为学习的目的，而是坚持用踏实认真的态度对待学习，将吸收知识和掌握技能作为学业提升的追求目标。在此后的学习中，封培元依然不骄不躁，以优异的成绩获得了本专业直博的资格。进入研究生学习阶段，封培元开始了多项科研工作，并参加了海洋工程国家重点实验室的自主研究项目。在专业课程的学习上，封培元严谨的治学态度又为他赢得了第二次国家奖学金、挪威船级社专项奖学金、法国船级社专项奖学金和优博专项资金等荣誉。

封培元坚信，将成绩作为学习目的是不可取的，因为这样会让学习的效果大打折扣，很难进行深入的思考。封培元自认为没有过人天赋和特殊的学习技巧，只有不断获取知识、掌握技能，将夯实专业基础作为学习目标，才能避免丧失对学习的兴趣和动力。

生活不要单调，而要缤纷

虽然学习是封培元大学生活的重要部分，但是他依然参加了各种各样的课余活动。听歌、旅行、看电影是他放松的娱乐方式，而参加挑战杯是他课余生活的一大亮点。大四时，封培元勇敢地接受了"挑战"，作为团队负责人参加了挑战杯科技创新大赛。由于没有参加此类竞赛的经验，封培元从零开始，与队友们摸索讨论，克服了种种困难，代表学校在上海比赛中胜出，并在全国比赛上捧得一等奖奖杯，项目中获奖作品捞油船更是成功申请了4项发明专利。

成功不看获得，而看贡献

拔尖的成绩和璀璨的奖项并没有让封培元忘记自己的使命。他认为自己的学习经历是为了在日后工作岗位中实现社会价值，因此他一直在科研的道路上矢志前行，从不厌倦松懈。在招聘季到来之际，封培元凭借过硬的专业能力与中船第七〇八研究所顺利签约，进入了广大船工专业学子梦想的行业重点单位。

　　进入工作岗位后，封培元依旧秉承严谨的科研态度，对每个项目、每次试验数据都反复推敲验证。作为课题负责人，他承担了国家自然科学基金青年科学基金、装备预研联合基金项目、基础科研项目等，在国内外学术期刊中发表数十篇高水平论文，申请了多项发明专利。封培元在科研项目中，针对喷水推进船舶在波浪中的操纵安全性问题，开发了用于喷水推进船的航行控制策略，有效提升了此类船舶的航行安全性；自主研发了衡准校核软件，通过样船计算分析数据向国际海事组织提交多份提案，研究成果服务于提高船舶波浪中的安全性，相关领域研究成果得到了国内外同行的一致认可。除了大量科研课题外，封培元还有着丰富的一线模型试验经验。工作以来累计参与完成各项模型试验任务数十项，熟悉各类船型的耐波性模型试验、波浪增阻模型试验、操纵性平面运动机构模型试验、强非线性动稳性模型试验、强制横摇模型试验等，为船舶提供了可靠的技术支撑，有效提升了产品竞争力。

　　封培元深耕船舶流体领域，在工作后的短短几年时间内获评高级工程师职称，并担任七〇八所基础研究部流体技术研究科副科长、上海市黄浦区青年联合会委员、中国造船工程学会高级会员、中国船舶力学委员会委员等职务。

　　仰望星空，脚踏实地。封培元就是这样一位踏实的造船人，不骄傲于自己所取得的成绩，也不盲从于功利的选择，更不放弃实现自身社会价值的执着渴望。久久为功，驰而不息，封培元用踏实勤奋践行着对船舶与海洋工程专业坚定的选择。

范迪夏：会玩才能会学

【人物名片】

范迪夏，1990年出生。2013年获得上海交通大学船舶与海洋工程专业学士学位，2016年和2019年分别获得美国麻省理工学院工学硕士和理学博士学位。2019—2021年在麻省海洋基金委先后从事博士后研究和担任研究员职位。在2021年同时担任加拿大皇后大学机械与材料工程助理教授职位。于2022年全职加入西湖大学工学院，建立流体智能与信息化实验室，任特聘研究员。2023年获得国家自然科学基金优秀青年科学基金项目（海外）资助。

想当科学家的"叛逆少年"

如果问一个小孩子"长大的梦想是什么"，很有可能得到"做一名科学家"的回答，范迪夏就是其中之一。这个梦想在他进入上海交通大学之后愈发强烈。入学后，他却开启了不同寻常的"叛逆之旅"。

在学校里，范迪夏是出了名的爱"折腾"。大一期间，他经常跟朋友组队天南地北地旅游，参加各种学术研讨会，听不同学科的知识讲座。甚至他的指导老师都认为这些与学科毫不相关的事情脱离了本专业学业，是在浪费时间。然而，回顾这段"疯狂"岁月，正是亲眼、亲耳、亲身体会的经历拓宽了范迪夏的眼界，对不同学科知识的涉猎培养了他的跨学科视野，为之后的科研道路打下了良好的基础。

大二学年他开始专注学业，在同学们认为要丰富知识储备后才能做实验的时候，他就主动寻找老师争取进入实验室学习的机会。经过海洋平台、无人水下运载器、深水采油树仿真、仿生机器人、概念船舶设计、涡激振动等大大小小十几个项目的积累，自主创新的种子在他的心里生根发芽。范迪夏不再满足于追随导师的"跟随式"科研，而是开始了独立创新之路。基于法国研制的全太阳能环球工作船"Planet Solar"，他开始思考用风能、太阳能乃至波浪能设计一条新概念型船舶。克服种种困难后，这条新概念三体风帆船的缩尺模型成功制造并完成下水实验。

休整，为了整装待发

大三时，由于运动产生的旧伤和长期熬夜给身体带来的问题，范迪夏被迫休学接受手术。然而，船模实验项目刚刚小有进展，却遇到阻碍，这对他来说无疑是"晴天霹雳"，但是他没有垂头抱怨。休学期间，他除了养病，还成立了智能运载器俱乐部和自己的工作室，与志同道合的小伙伴共同追求梦想。同时，他还在俱乐部开办编程、单片机开发、三维设计等开放课程，吸引了学弟学妹的加入。病愈之后，他去了武汉船厂实习、云贵山区支教、徒步旅行……这是他第一次走出象牙塔，接触到社会最真实和鲜活的沟壑与棱角。

复学之后，范迪夏褪去了曾经的稚嫩与焦躁，在交大的海洋工程国家重点实验室开始了"大国重器"的实验之路。他也在实验中渐渐找到了自己的兴趣点——流致振动。科学界对于流致振动的研究已经持续六十多年，但至今没有一个准确的公式可以套用，难点在于其中的变量太多、太复杂。事实上，自然界中很多动物的运动是基于流体与结构相互作用的，如水里的鱼儿游动觅食、空中的鸟儿振翅飞翔。而关于流致振动的研究还可以扩展到心血管中的流体力学、漩涡流体、环境流体等与人类生存息息相关的问题。

坚定了科研方向的选择后，范迪夏又将目标锚定在麻省理工学院。突出的动手能力和思考能力使范迪夏在众多竞争者中脱颖而出，最终他被美国麻省理工学院以全额奖学金录取。

"跨界少年"想要改变世界

在麻省理工学院学习期间，范迪夏发现单纯专注于流体力学研究存在局限性。于是他连续两年冬天前往新加坡学习，探寻水、资源、环境等方面的研究热点；博士毕业后，他又去了布朗大学、华盛顿大学的应用数学系，和那里的老师探讨解决问题的新思路、新方法。调整了人工智能运算方法后，范迪夏和小伙伴们将原本需要一两年才能做出来的事情缩短到不到三周，这为他们将人工智能和流体力学进行跨学科结合，提升研究流体力学内的非线性、多尺度性质问题的效率注入了信心。

2022年春，范迪夏正式入职西湖大学，不到两个月的时间，他已经成为工学院多个实验室的常客。在崔维成实验室交流水下装置设计，到姜汉卿实验室了解折纸与材料的关系，去朱博文实验室探讨柔性电子材料……对于这个热爱从学科交叉中汲取灵感的大男孩来说，"跨界"已然成为他的生活方式。此前，他合办的知识分享平台Synking以播客的形式进行了跨领域交流采访，将人文艺术、科技创新与商业领域的人聚合起来，深度了解世界的不同。

范迪夏将自己流体智能与信息化实验室命名为 i^4-FSI Laboratory，"i"的四次方寓意智能化（intelligent）、信息化（informational）、整合化（integrative）和多学科化（interdisciplinary）的流固耦合。

未来，他将研究目标着眼于人工智能和流体力学的跨学科交叉，探索其机理和方法论。同时，他将以空海两栖机器人为主题，发展人工智能在流体力学的漩涡控制和感知方面的新方法和新理论。

范迪夏说，一个人的力量是有限的，但当所有人的力量汇聚到一起，或许真的可以改变世界。

上海交通大学船舶海洋与建筑工程学院师资人才及获奖情况

上海交通大学船舶海洋与建筑工程学院坚持面向世界科技前沿，紧跟海洋强国、交通强国等国家重大战略，积极对接国家"一带一路"倡议，紧密围绕学校"大海洋"发展战略，不断增强科技创新能力，开展基础理论研究、关键技术研发和重大装备研制，加强创新团队和创新平台建设。学院现有教职工456名，包括专任教师263人、教辅队伍74人，其中正高级职称82人、副高级职称151人。学院共有国家级人才计划45人次、省部级人才计划150余人次。学院始终将人才队伍建设摆在重要战略地位，致力于师资队伍结构的优化，建设一支高水平师资队伍，积极打造"近悦远来"的人才生态。近年来，学院科技成果获省部级以上奖项百余项。同时，学院始终以习近平新时代中国特色社会主义思想为指导，以立德树人、教书育人为根本任务，全面落实"让每一个学生更加优秀"的教育理念，构建"招生—培养—就业—校友"全链式育人模式，培养情怀深厚、专业过硬、勇于创新、能担重任、面向未来的高层次卓越人才。近年来，学院教育教学取得长足进步，教学成果丰硕。近五年部分获奖情况如附表 1 和附表 2 所示。

附表 1　科研类奖项

奖项名称	项目名称/获奖教师	获奖年份
中国力学学会科技进步奖一等奖	复杂空化多相流动机理与泡群介质特性测量技术	2023
高等学校科学研究优秀成果奖（科学技术）科技进步奖二等奖	沉管隧道高精度施工管控方法与关键技术及应用	2022
上海市科学技术奖科技进步奖一等奖	深远海大型养殖网箱自主研发与产业化	2022
上海市科学技术奖科技进步奖一等奖	钢桥面结构抗疲劳性能保障与提升关键技术及应用	2022
上海市科学技术奖科技进步奖二等奖	大型集装箱船结构极限强度与非线性动态响应预报关键技术及应用	2022
中国公路学会科学技术奖一等奖	沿海软土地层施工扰动与蠕变耦合位移预控技术与应用	2022
中国物流与采购联合会科学技术奖科技进步奖二等奖	新冠肺炎疫情对我国港航国际物流业影响研究——以上海为例	2022

（续表）

奖项名称	项目名称/获奖教师	获奖年份
科学探索奖（先进制造领域）	付世晓	2022
国家科学技术进步奖一等奖	现代空间结构体系创新、关键技术与工程应用	2021
海洋工程科学技术奖一等奖	深海管线与海工柱体结构非线性水动力学效应机理及其调控	2021
中国造船工程学会科技进步奖一等奖	船艇智能航行系统测试验证技术及应用	2021
中国公路学会科学技术奖一等奖	公路复杂钢桥塔结构设计建造关键技术及应用	2021
中国产学研合作创新与促进奖一等奖	沉管隧道智能化水下监测与检测关键技术及应用	2021
上海市科学技术奖科技进步奖一等奖	大型海洋平台安全高效精准安装技术	2020
上海市科学技术奖科技进步奖一等奖	平流层飞艇分析理论与设计关键技术及应用	2020
上海市科学技术奖科技进步奖一等奖	软土城市深大基坑群工程安全与环境影响控制关键技术及应用	2020
上海市优秀工程勘察设计奖优秀计算机软件专业一等奖	天磁 BIM 协同软件	2020
海洋工程科学技术奖二等奖	大型导管架平台海上安装安全保障技术研究及工程应用	2020

（续表）

奖项名称	项目名称/获奖教师	获奖年份
上海市科学技术奖科技进步奖二等奖	城市非开挖大口径深埋电力隧道的建设与运维关键技术	2020
中国物流与采购联合会科学技术奖科技进步奖二等奖	福建省电力物资仓储网络体系优化关键技术研究	2020
中国建筑材料联合会·中国硅酸盐学会建筑材料科学技术奖基础研究类二等奖	基于多离子传输机制的混凝土耐久性能劣化与修复机理	2020
何梁何利基金科学与技术进步奖	谭家华	2020
上海"最美科技工作者"	谭家华	2020
国家科学技术进步奖特等奖	海上大型绞吸疏浚装备的自主研发与产业化	2019
高等学校科学研究优秀成果奖（科学技术）自然科学奖一等奖	降雨诱发堆积体滑坡机理和风险控制研究	2019
高等学校科学研究优秀成果奖（科学技术）自然科学奖二等奖	穿越断层破碎带隧道施工扰动特性及其稳定预控系统技术	2019
高等学校科学研究优秀成果奖（科学技术）自然科学奖二等奖	地面沉降与基础设施的相互作用演变机制与预测理论	2019
上海市科学技术奖自然科学奖一等奖	多柱体系统非线性流固耦合效应机理与流动控制	2019

（续表）

奖项名称	项目名称/获奖教师	获奖年份
上海市科学技术奖科技进步奖一等奖	大型海洋平台性能监测和安全预警关键技术及应用	2019
中国公路学会科学技术奖一等奖	穿越断层区隧道工程地压特征及灾变防控系统技术	2019
上海市优秀工程咨询成果奖	张江科技城综合交通战略研究	2019
上海"最美科技工作者"	朱继懋	2019

附录 2　教学类奖项

奖项名称	项目名称/获奖教师	获奖年份
国家级教学成果奖二等奖	铸大国重器，育行业英才——船海工程"五大一卓越"人才培养体系创新与实践	2022
国家级一流本科课程	工程流体力学	2021
国家级一流本科课程	理论力学	2021
国家级一流本科课程	振动力学	2023
国家级一流本科课程	理论力学	2023
国家级一流本科课程	工程经济学	2023
国家级一流本科课程	激光非接触测量真空条件下膜结构振动模态虚拟仿真实验	2023
全国教材建设奖二等奖	《船舶原理》（上、下册）（第二版）	2021

（续表）

奖项名称	项目名称/获奖教师	获奖年份
全国教材建设奖二等奖	《理论力学》	2021
高等教育精品教材	《船舶原理》（上、下册）（第二版）	2021
高等教育精品教材	《理论力学》	2021
高等教育精品教材	《流体力学》	2021
上海市教学成果奖特等奖	铸大国重器，育行业英才——船舶与海洋工程卓越人才培养的传承与创新	2022
上海市教学成果奖二等奖	思政引领、需求牵引、科教融合，培育优秀研究生成果	2022
上海市教学成果奖二等奖	知行筑魂、教赛强基、学研赋能，土木工程卓越人才培养探索与实践	2022
上海市教学成果奖二等奖	面向交通强国战略，构建纵向贯通横向联动实践育人体系培养创新型交通人才	2022
全国船舶与海洋工程学科高等教育教学成果奖一等奖	兴船报国，向海图强——船舶与海洋工程专业思政教育与实践教学探索与实践	2021
上海高等学校一流本科课程	"水波和船行波生成与演化"虚拟仿真实验	2020
上海高等学校一流本科课程	工程经济学	2020

（续表）

奖项名称	项目名称/获奖教师	获奖年份
上海高等学校一流本科课程	激光非接触测量真空条件下膜结构振动模态虚拟仿真实验	2020
上海高等学校一流本科课程	大型海洋平台结构与动力响应仿真平台	2021
上海高等学校一流本科课程	基于 VR 的船舶操纵性虚拟海试实验	2022
上海高等学校一流本科课程	力学基础（荣誉）	2022
上海高等学校一流本科课程	船舶耐波性虚拟仿真实验	2023
上海高等学校一流本科课程	结构模型设计与制作	2023
上海高校市级重点课程	船舶与海洋工程自主创新实验	2021
上海高校市级重点课程	船舶与海洋工程导论	2022
第二批新工科研究与实践项目结题优秀	以服务国家海洋战略需求为导向的船舶与海洋领域紧缺人才培养模式研究与实践	2023
宝钢优秀教师奖特等奖提名奖	杨建民	2020
宝钢优秀教师奖	周岱	2020
宝钢优秀教师奖	宋晓冰	2023
全国高校混合式教学设计创新大赛特等奖	刘铸永	2021

（续表）

奖项名称	项目名称/获奖教师	获奖年份
全国高校教师教学创新大赛二等奖、上海市高校教师教学创新大赛特等奖	宋晓冰	2022
全国高校教师教学创新大赛三等奖、上海市高校教师教学创新大赛特等奖	陈思佳	2023

参考文献

［1］ 杨槱，陈伯真. 人、船与海洋的故事［M］. 上海：上海交通大学出版社，2010.

［2］ 施鹤群. 郑和宝船之谜［M］. 哈尔滨：哈尔滨工程大学出版社，2005.

［3］ 梁二平. 风帆五千年：历史图像中的帆船世界［M］. 出版社：生活·读书·新知三联书店，2021 年.

［4］ 张恩东. 古划桨船与早期帆船百科全书［M］. 北京：机械工业出版社，2022.

［5］ 上海市船舶与海洋工程学会，"海洋工程科技创新与跨越发展战略研究"课题组. 海洋工程科技创新与跨越发展战略研究［M］. 上海：上海科学技术出版社，2016.

［6］ 洪术华，宋雍，叶景波，等. 海洋工程发展现状与跨越发展战略［J］. 船舶工程，2019，29（4）：1-2.

［7］ 汪品先. 海洋科学和技术协同发展的回顾［J］. 地球科学进展，2011，26（6）：644-649.

［8］ 武建奎. 福州船政学堂与北洋海军军官的早期培养［J］. 兰台世界（上旬），2013（4）：114-115.

［9］ 俞昭君. 24000 TEU 级超大型集装箱船"地中海·中国"号交付［EB/OL］.（2023-10-11）［2024-02-20］. http://www.sasac. gov.cn/n2588025/n2588124/c29063157/content.html.

［10］ 蒋成柳. "中国洋浦港"迎来全球首艘 LNG 双燃料动力超大型油轮［EB/OL］.（2022-02-28）［2024-02-20］. http://hi.people. com.cn/n2/2022/0228/c231190-35152719.html.

［11］ LNG 船研发大事件！全球最新一代通过认可！［J］. 船舶工程，2021（12）：I0008.

［12］ 秋慈. "爱达·魔都号"是怎样一艘船？［J］. 科学之友，2024（1）：

9 - 11.

[13] "海洋石油 981"掠影 [J]. 海洋工程装备与技术，2015（6）：411 - 412.

[14] 仙辑，小草. 创两项世界纪录！"烟台造"蓝鲸 2 号可燃冰第二轮试采成功 [J]. 走向世界，2020（18）：48 - 49.

[15] 林熙. 福建省平潭综合实验区沿海的全球首台 16 兆瓦海上风电机组 [J]. 发展研究，2023（6）：F0002.

[16] 沫以. 功成身退的"远望 2 号" [J]. 太空探索，2019（1）：58 - 61.

[17] 吴刚. 从"雪龙 2"号研制谈中国极地装备发展 [J]. 船舶工程，2021，43（7）：7 - 13.

[18] 高仲泰. 深潜：中国深海载人潜水器研发纪实 [M]. 南京：译林出版社，2022.

[19] 全球首艘 10 万吨级智慧渔业大型养殖工船"国信 1 号"交付运营 [J]. 机电设备，2022（3）：I0008.

[20] 赵羿羽，曾晓光，郎舒妍. 深海装备技术发展趋势分析 [J]. 船舶物资与市场，2016（5）：42 - 45.

[21] 中国海洋装备工程科技发展战略研究院. 中国海洋装备发展报告 [M]. 上海：上海交通大学出版社，2021.

[22] 吴善勤，盛振邦. 从船舶到海洋工程 [M]. 上海：上海交通大学出版社，2005.

[23] 中船重工集团公司经济研究中心. 世界海洋工程装备产业研究报告（2010 年—2011 年）[EB/OL].（2011 - 03 - 01）[2024 - 02 - 20]. https://www.doc88.com/p-97939943969739.html.

[24] 中国大洋矿产资源研究开发协会，国家海洋信息中心. 世界深海活动进展报告（2023）[EB/OL].（2023 - 11 - 24）[2024 - 02 - 20]. https://www.sohu.com/a/738954257_726570.

[25] 潘云鹤，唐启升. 中国海洋工程与科技发展战略研究-综合研究卷 [M]. 北京：海洋出版社，2014.

[26] 潘云鹤，唐启升. 海洋工程科技中长期发展战略研究报告 [M]. 北京：海洋出版社，2020.

[27] 李晨光，张士洋，阎季惠. 世界主要国家和地区海洋战略与政策选编 [M]. 北京：海洋出版社，2016.

[28] 韩立民. 中国海洋战略性新兴产业发展问题研究 [M]. 北京：经济科学出版社，2016.

［29］ 周煜. 船舶与海洋工程概论［M］. 哈尔滨：哈尔滨工程大学出版社，2020.

［30］ 甄君，张驰，赵金红. 智能化海洋物联网：云服务体系及应用［M］. 北京：中国科学技术出版社，2023.

［31］ 刘岩，丘君，郑苗壮，等. 美丽海洋：中国的海洋生态保护与资源开发［M］. 北京：五洲传播出版社，2023.

［32］ 汪洋，丁丽琴，吴鹏，等. 海洋智能无人系统技术［M］. 上海：上海科学技术出版社，2020.

［33］ 工业和信息化部，国家发展改革委，财政部，等. 船舶制造业绿色发展行动纲要（2024—2030 年）［EB/OL］.（2023 - 12 - 26）［2024 - 2 - 20］. https：//www. gov. cn/zhengce/zhengceku/202312/content _ 6923175. htm.

［34］ 中华人民共和国国务院新闻办公室. 中国的远洋渔业发展［M］. 北京：人民出版社，2023.

［35］ 中国科学院地理科学与资源研究所. 中国地理位置［EB/OL］.［2023 - 11 - 27］. https：//www. igsnrr. cas. cn/cbkx/kpyd/zgdl/cndlwz/.

［36］ 教育部国家海洋局中国海洋发展研究中心. 《2022 年中国自然资源统计公报》发布［EB/OL］.（2023 - 5 - 10）［2023 - 11 - 27］. https：//aoc. ouc. edu. cn/_t719/2023/0512/c13996a432193/page. htm.

［37］ 中华人民共和国中央人民政府. 中国概况［EB/OL］.［2023 - 11 - 27］. https：//www. gov. cn/guoqing/index. htm.

［38］ 董昌明. 人工智能海洋学基础及应用［M］. 北京：科学出版社，2022.

［39］ 马德秀. 思源·起航［M］. 上海：上海交通大学出版社，2013.

［40］ 张懿. 新时代上海产业菁英｜沪东中华王佳颖凭硬实力摘下造船业"皇冠上的明珠"［EB/OL］.（2023 - 5 - 2）［2023 - 11 - 27］. https：//www. whb. cn/zhuzhan/ztxsdshcyjy/20230502/519474. html.

［41］ 张驰. 鹰击长空，鱼翔浅底｜范迪夏带着他的"大玩具"来了［EB/OL］.（2022 - 5 - 18）［2023 - 11 - 27］. https：//www. westlake. edu. cn/news _events/westlakenews/labshow/202205/t20220518 _20512. shtml.